国家自然科学基金项目(51564004)
贵州省教育厅创新群体重大研究项目(黔教合 KY 字[2016]042)

顶板垮落法短壁连采顶板控制

张开智　申玉三　臧传伟　著

U0263644

科学出版社

北　京

内 容 简 介

　　传统短壁连采主要是利用在工作面留置大量煤柱以支撑顶板，这导致煤炭资源回收率低，且易造成采空区顶板大面积悬顶进而引发冲击灾害事故。本书介绍的顶板全垮落法短壁连采技术主要在工程实践的基础上，采用理论分析、数值计算模拟、现场实测等多种研究方法，推导出取消煤柱后的可控最大采空区悬空面积、上覆岩层运动规律，进行通风安全及顶板可控安全评价。此研究成果是对传统短壁连采顶板控制的补充与完善，丰富了矿压控制理论。

　　本书可供地质、矿产资源勘探及开采等专业的科研人员，高等院校师生及从事相关专业生产、管理的工作人员参考和阅读。

图书在版编目(CIP)数据

顶板垮落法短壁连采顶板控制 / 张开智，申玉三，臧传伟著. —北京：科学出版社，2018.4
　ISBN 978-7-03-056750-5

　Ⅰ.①顶⋯　Ⅱ.①张⋯　②申⋯　③臧⋯　Ⅲ.①短壁采煤法-顶板管理-研究　Ⅳ.①TD327.2

中国版本图书馆 CIP 数据核字 (2018) 第 047714 号

责任编辑：韩卫军 / 责任校对：唐静仪
责任印制：罗　科 / 封面设计：墨创文化

科 学 出 版 社 出版
北京东黄城根北街16号
邮政编码：100717
http://www.sciencep.com
四川煤田地质制图印刷厂印刷
科学出版社发行　各地新华书店经销

*

2018 年 4 月第 一 版　　开本：787×1092　1/16
2018 年 4 月第一次印刷　　印张：11
字数：260 千字
定价：96.00 元
(如有印装质量问题，我社负责调换)

前　言

短壁工作面开采是当前我国高效回收复杂边角煤块段的主要采煤方法之一，传统的房柱式短壁开采方法以留煤柱支撑上覆顶板，存在资源浪费量大和煤柱高应力集中对巷道维护、下层煤开采工作面支架产生矿压突变等严重问题，因此，研究不留煤柱的短壁连采技术，对提高煤炭资源回收率、实现特殊条件下的边角煤安全高效开采具有重要的意义。

采用顶板全垮落法的短壁连采技术，需要对覆岩顶板的运动规律进行系统研究，分析顶板岩层结构以及对工作面矿压显现有明显影响的岩层运动规律，包括其极限运动步距以及极限悬顶面积。因此，本书采用理论分析、实验室相似材料物理模拟、计算机数值模拟结合现场实测的方法，对全垮落法短壁连采覆岩组合动态运动规律及关键技术进行了系统研究：①提出以岩板理论进行短壁采场关键层判断的方法，将神东矿区短壁采场覆岩结构划分为单一关键层结构及多层关键层结构两种类型，通过理论计算得到不同覆岩结构的短壁采场顶板极限悬顶步距和悬顶面积，并通过理论研究与相似材料模拟分析短壁采场覆岩的运动特征与应力场分布。②提出"工艺极限回采面积"和"应力极限回采面积"两个概念，对垮落的直接顶的控制是对工艺极限回采面积的控制，而对关键层的控制是对应力极限回采面积的控制。理论分析提出规则形状和不规则形状关键层的悬顶步距以及极限回采面积计算式。③设计切块后退式、切块前进式、支巷后退式三种短壁开采方案，计算机模拟不同开采顺序下覆岩组合的动态运移与围岩应力场演化规律，确定块段后退式回采为最优的回采顺序。④提出坚硬顶板条件下全垮落法顶板控制的主要技术措施有：区域四周直接顶聚能爆破拉缝预切顶、回采过程中直接顶有规律的强放、合理使用线性支架及严格控制应力极限回采面积等。

全垮落法短壁连采顶板控制技术可取消区段内各种煤柱和区段间隔离煤柱，真正实现回采区域内无煤柱连续开采。通过现场工程实践，采用顶板全部垮落法短壁连采技术提高了约10%的采区回收率，多采出煤炭3.5万t，同时对覆岩顶板运动进行了有效控制，工作面矿压显现不强烈，取得了良好应用效果。

本书内容为作者近十年来针对中国神华集团神东煤炭分公司（以下简称神东公司）现场条件研究的主要成果，共分为8章，研究成果由顶板控制与通风安全评价两方面组成，其中第2、6、7、8章由张开智执笔，第1、3章由臧传伟执笔，第4、5章由申玉三执笔，可作为采矿工程本科生、研究生学习和参考的资料。

本书出版得到国家自然科学基金项目(51564004)、贵州省教育厅创新群体重大研究项目(黔教合 KY 字[2016]042)的资助，在与神东公司合作进行"神东矿区短壁连采开采技术""顶板全垮落法短壁连采研究"项目研究过程中，得到公司领导及现场工程技术人员的大力支持与无私帮助，在此一并表示感谢。

由于作者水平有限，书中内容不当之处，敬请读者批评指正。

张开智

2016 年 12 月 20 日于贵州理工学院

目　录

第1章 研究概述

1.1 研究背景

1.1.1 神东矿区短壁连采顶板控制发展阶段

神东矿区于1995年开始使用连采设备，主要用于巷道掘进，即使进行边角煤开采，仍沿用传统的房式开采。1998年神东公司成立之初，既面临着发展的机遇，也面临着当时煤炭市场疲软的严峻现实。为此，1999年神华集团组织相关人员赴澳大利亚查尔顿矿对旺格维利采煤法进行考察，为引进、消化、吸收此种采煤方法做准备。

2000年神东矿区最先在大海则(3^{-1}煤)、上湾(3^{-1}煤、2^{-2}煤)、康家滩(8^{-1}煤)、大柳塔(2^{-2}煤)等矿部署推广旺格维利采煤法，这既是当时矿井建设"投资少、见效快、滚动发展"原则的需要，也为先行开采小型井田和边角块段创造了条件，利用连采机动灵活的特点，"以不变应万变"适应市场变化。

短壁机械化开采在神东矿区由小区域试验到大面积推广，开采技术日趋成熟，在神东公司实现千万吨级矿井大跨越中起着十分重要的作用。就其对顶板的支护方式来分，其发展经历了三个阶段。

1.1.1.1 第一阶段：留煤柱支撑顶板短壁连采方式

2000~2006年，神东公司首先在大海则、上湾及康家滩煤矿的边角煤开采中推广"单翼短壁机械化采煤法"，对采空区顶板的支护主要靠留设在采空区中的各种煤柱来完成，如支巷煤柱、刀间煤柱、区段煤柱、顺槽煤柱。一般回采四条支巷后即留设10m的区段煤柱对区段进行封闭隔离。

此种回采方式留设煤柱多，煤炭损失量大，回收率较低，巷道万吨掘进率高，采空区顶板全由煤柱支撑，矿井开采后期会形成大面积的采空区顶板悬顶，给矿井本煤层后续开采和下组(层)煤开采带来极大的安全隐患。为此，榆家梁矿目前正在与煤炭科学研究院合作，从地面打钻孔对前期开采形成的大面积采空区顶板进行强制放顶，以消除安全威胁。

1.1.1.2 第二阶段：留小煤柱结合履带行走液压支架支撑顶板短壁连采方式

在前期短壁开采试验的基础上，神东矿区不断摸索，逐渐减少采空区留设的支撑顶板煤柱尺寸，同时借助自行研制或引进的线性履带行走液压支架支撑回采工作面煤壁附近的顶板，保证回采作业处人员的安全。当回采至最下层直接顶的初次垮落步距之前及时封闭区段，随着后续区段的回采，前期采空区顶板应力逐渐升高，迫使直接顶、基本顶乃至上履岩层中的关键层在区段封闭一段时间后滞后垮落，前一区段的顶板运动对正在回采的区段不造成直接的影响，并与回采区段隔开，从而保证了回采作业的安全。

此种回采方式的顶板控制设计思路先进、科学。2007～2009 年神东公司与山东科技大学合作，在对留煤柱法短壁连采进行大量现场实测分析的基础上，在上湾矿 51203CL 工作面成功进行了实践。但是，此法对顶板控制的技术要求高，对顶板运动规律要有清楚的认识，从而增加了现场施工的难度。

1.1.1.3 第三阶段：顶板全垮落法无煤柱短壁连采方式

2011 年开始，神东公司在榆家梁矿首先试验顶板全垮落法短壁连采，回采区段内部不留任何煤柱，让直接顶随着采空区面积的增加而及时垮落，同时在上覆关键层开始运动之时将区段封闭，这样保证回采后的采空区顶板充分运动，采空区没有大面积悬顶的威胁，从根本上保证了短壁连采的安全性，就对顶板运动的控制而言，此方法属于"本质安全型"短壁开采。

1.1.2 全垮落法短壁连采需解决的主要问题

由于顶板在采空区内要实现随采随垮，而工作面作业点没有像综采工作面的综采液压支架支撑与护顶，顶板垮落时只有邻近的两台履带式液压行走支架护顶，给作业人员及连采机的安全性带来一定的威胁。且此种回采方式通风风路要经过采空区，采空区通风的效果如何？各种通风指标是否超标也是值得重点关注的。为此将主要问题分为如下两大类。

1.1.2.1 顶板运动的安全控制问题

（1）直接威胁到作业人员安全的直接顶运动控制。
（2）对回采煤柱及前方煤体起应力传递作用的基本顶及关键层运动控制。
（3）回采引起的超前支承压力传播规律。
（4）履带式行走支架安设与合理工作阻力。
（5）保证关键层充分运动的极限回采面积。

1.1.2.2 通风安全问题

（1）采空区通风风流畅通问题。
（2）采空区不同地点的瓦斯流动场与风流场。
（3）防止采空区内煤层自燃发火的安全问题。
（4）采硐内的通风安全问题。

针对上述问题，结合国家煤矿安全生产监督管理局对此法提出的疑问，神东公司特立此项目，与山东科技大学继续开展合作，对上述问题展开技术研究，研究成果在榆家梁矿 42209 顶板全垮落法短壁连采工作面的应用中得到验证，实现了安全控顶和通风安全，目前已安全回采四个区段，沿走向推进约 500m，回收煤炭约 25 万 t。

1.2 研究内容

针对全垮落法出现的技术难题，经与神东公司协调，确定主要研究内容如下：

(1)随回采面积增加顶板应力动态变化、运动规律及其控制。

(2)回采过程中对顶板起支撑作用的边界煤柱应力及其变化规律。

(3)不规则形状边角煤开采极限回采面积预计及开采参数设计。

(4)有利于巷道维护和顶板垮落的支巷尺寸与合理支护强度。

(5)采空区自燃发火倾向、瓦斯流动及回风流中气体成分动态变化规律。

(6)优化通风方式、对盲巷、风量、采空区矸石压实带分布、采空区通风的可靠性计算分析。

(7)神东矿区顶板全垮落法短壁连采安全评价。

1.3 研究方法与技术路线

本书的研究技术路线如图 1-1 所示。

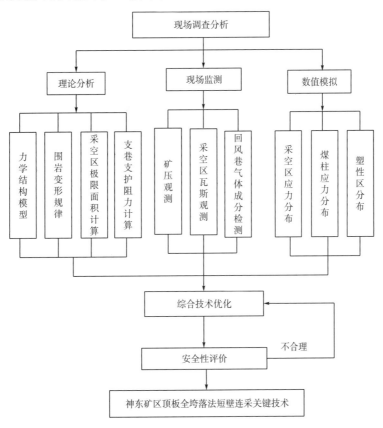

图 1-1 研究技术路线

针对研究问题的本质，结合研究内容，采用理论分析、数值模拟、现场监测相结合的方法展开全面系统的研究，各种研究方法相互补充、互为完善，研究结论更具有普遍指导意义。

理论分析：通过力学方法、矿压控制理论和关键层知识，分析研究直接顶运动规律、基本顶及关键层运动规律、支承压力传播规律、回采极限面积理论计算方法、安全回采的顶板控制措施及安全性评价。

数值模拟：运用 FLAC 有限元法模拟研究顶板、煤层应力及变形规律；运用 FLENT 软件模拟通风风流的流动与瓦斯运移规律。

现场监测：随回采面积增加顶板位移及煤柱应力的实时变化规律；对采空区内气体温度测试；采空区内气体成分监测；回风流中的空气成分测定；采硐内的气体成分实测分析；地表移动与变形监测。

第2章　榆家梁42209顶板全垮落法短壁连采顶板控制

2.1　监测目的和内容

2012年6月22日，本书课题研究成员进驻榆家梁煤矿，在矿方领导及相关部门的大力支持和协助下，课题组现场监测工作顺利展开。截至7月20日，第一区段共计八条支巷约11000m²已回采完毕，完成了煤柱应力和顶板位移全部现场监测工作，成功实现全垮落法顶板的安全控制，多回收煤炭3.5万t，回采率提高10%，榆家梁矿顶板全垮落法短壁连采技术取得圆满成功。

2.1.1　监测目的

通过现场实测，掌握特定条件下的顶板运动与应力分布、顶板位移变化的相互关系，从而通过应力和位移实测反推顶板运动规律，实现对顶板运动的可知和可控；通过实测全部垮落短壁连采通风时采空区内的气体成分变化和温度变化，实测回采期间采硐内、回风巷中的气体成分，来论证采空区通风的可行性，为全垮落连采方法的通风安全可靠性提供实测依据。

2.1.2　监测内容

根据监测目的的不同，监测内容分为矿压参数和通风系统参数两大部分。

2.1.2.1　矿压监测

矿压监测包括煤体应力监测、顶板离层监测，以及矿压显现的宏观观察（如顶板冒落、煤壁片帮以及煤柱破坏情况等）。煤体应力监测包括监测回采区段边界煤柱上的应力和回采区域中部煤柱上的应力；顶板离层监测与煤体应力监测对应，离层钻孔孔底位于基本顶内，孔内设置两个离层监测测点，分别位于直接顶内和基本顶内。

应力、顶板离层监测采用在线监测系统进行监测，从测点引出电缆信号线至区域外围处安装应力分站和离层分站，再用主站将两种信号转换为物理信号后直接输出，进行数据分析和处理。

2.1.2.2　通风监测

通风监测内容包括采空区内的气体、采硐内的气体，以及胶带运输巷（总回风巷）中的气体成分和浓度、采空区内气体的温度变化。

2.1.2.3　监测仪器设备

主要监测仪器汇总见表 2-1，监测仪器如图 2-1～图 2-4 所示。监测主站、分站、地面主机以及电缆、束管、电话线等未统计在内。

表 2-1　主要监测仪器汇总表

监测项目	使用仪器	测点站位置	数量	备注
煤体应力	钻孔应力计	Ⅰ、Ⅱ、Ⅲ、Ⅳ、Ⅴ	11	钻孔直径为 40～42mm
顶板离层	顶板离层仪	Ⅰ、Ⅱ、Ⅲ	3	钻孔直径为 40～42mm
采空区气体成分	束管探头	1、2、3、4	4	1 台抽气泵
采硐内气体成分	束管探头	支巷回采时的采硐		抽气泵
回风流气体组分	气体采集仪	连采胶带运输巷		抽气泵
采空区内部温度	温度探头和温度测试仪	13 支巷尽头	1	

图 2-1　温度传感器和测试仪

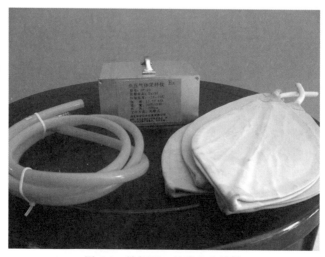

图 2-2　抽气泵、气囊和连接管

图 2-3　束管探头

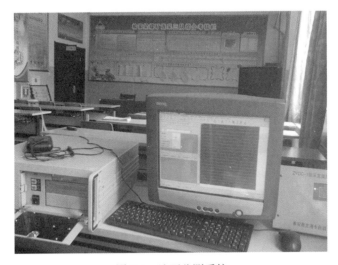

图 2-4　地面监测系统

2.1.3　监测人员与时间

2.1.3.1　监测时间安排

第 1 区段拟定于 2012 年 6 月 30 日开始回采，经与榆家梁矿沟通协商，定于 6 月 25 日开始现场进行仪器的安装、调试，30 日开始正式测试。

随着回采的进行，不断总结分析数据，调整测点布置位置与方式，修改顶板控制方案，保证整个监测的顺利进行，收集可靠的数据。

6 月 25 日～6 月 30 日进行安装、调试；7 月 1 日～7 月 30 日进行监测、数据整理分析。

2.1.3.2　监测人员

监测工作人员包括：榆家梁矿现场组织与协调人员、仪器安装调试人员、现场施工人员和课题组成员，人员组成和分工如表 2-2 所示。

表 2-2　监测人员配备

项目	人数	主要职责	工作单位
现场组织协调	2 人	负责现场组织协调	榆家梁矿
仪器调试人员	1 人	仪器安装、调试	仪器厂家
现场施工人员	3~10 人	打钻等施工	矿外委队
技术人员	1~2 人	审查实施方案	榆家梁矿
	4~6 人	制定监测方案、分析数据、汇报结论	课题组

2.2　试验区域概况和监测方案

2.2.1　现场试验条件

2.2.1.1　工作面位置

42209 采区旺采工作面位于榆家梁煤矿 4⁻² 煤东南部，东侧为 42209 运顺；南侧为 42209 已采综采工作面；西侧为 42209 回顺；北侧为 4⁻² 煤东翼三段辅运大巷。

42209 采区可采面积为 7.46 万 m²，可采储量 34.9 万 t。其中，掘进顺槽及支巷 22 条，掘进长度 2814.71m；联巷 42 条，掘进长度 486.5m；掘进总长度 3301.21m，可产原煤 7.42 万 t；可采煤房 791 个，可产原煤 11.6 万 t；掘进及回采总煤量 19.03 万 t，回采率 54.48%。

2.2.1.2　地质概况

42209 房采工作面所在区域内地质构造简单，无断层褶曲等。工作面直接顶岩性为灰色、浅灰色泥岩，泥质结构，水平层理及微波状层理，具滑面，整体性较强，厚度 6.1m；老顶为细沙岩，浅灰色，中厚层，泥质胶结，水平及波状层理，厚度 3.69m；底板为粉砂质泥岩，深灰色、灰色，中厚层状，致密半坚硬，水平层理发育，具有滑面。工作面顶板岩层柱状图如图 2-5 所示。

4⁻² 煤属于低瓦斯煤层，但也属于易自燃煤层，浮煤厚度超过 0.6m 可以引起自燃，应减少浮煤，并及时用岩粉覆盖，杜绝自燃热源。煤尘爆炸指数为 Ⅱ 级，开采时应足够重视，根据巷道性质限制一定的最高风速。本区地温正常，为无热害区。

本区断层、岩层裂隙不发育，根据相邻工作面涌水情况，掘进巷道涌水主要为基岩裂隙水，补给贫乏。古近系和新近系黏土为良好的隔水层，不利于补给，对生产影响甚微。预计掘进工作面正常涌水量为 15m³/h。考虑以后综采使用排水系统，设 DN100 钢管排水，足够满足最大涌水的排出。应设置不少于 60m³/h 的排水工程及时排水，以保证不影响正常掘进、回采。

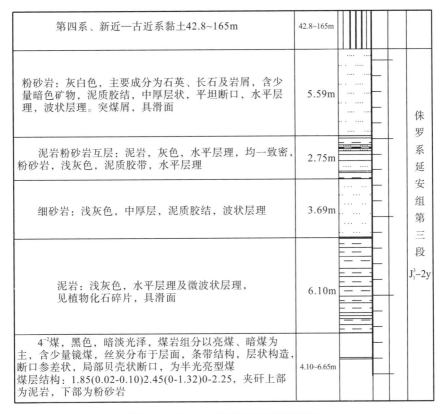

第四系、新近—古近系黏土42.8~165m	42.8~165m	
粉砂岩：灰白色，主要成分为石英、长石及岩屑，含少量暗色矿物，泥质胶结，中厚层状，平坦断口，水平层理，波状层理。突煤屑，具滑面	5.59m	侏罗系延安组第三段J₁³-2y
泥岩粉砂岩互层：泥岩，灰色，水平层理，均一致密，粉砂岩，浅灰色，泥质胶带，水平层理	2.75m	
细砂岩：浅灰色，中厚层，泥质胶结，波状层理	3.69m	
泥岩：浅灰色，水平层理及微波状层理，见植物化石碎片，具滑面	6.10m	
4⁻²煤，黑色，暗淡光泽，煤岩组分以亮煤、暗煤为主，含少量镜煤，丝炭分布于层面，条带结构，层状构造，断口参差状，局部贝壳状断口，为半光亮型煤 煤层结构：1.85(0.02-0.10)2.45(0-1.32)0-2.25，夹矸上部为泥岩，下部为粉砂岩	4.10~6.65m	

图 2-5　42209 连采面顶板岩层柱状图

2.2.1.3　试验区段回采工艺及参数设计

试验选在 42209 连采工作面第一区段进行，为保证基本顶的自然垮落，对原设计进行了修改。

(1)加大了回采面积：将支巷增加为 8 条，保证基本顶在回采过程中能够充分运动。

(2)减小区段煤柱尺寸：为减少甚至消除区段煤柱对顶板的支撑作用，使顶板能够充分运动，将区段间的原有 10m 保护煤柱减小为 2m；同时在回采第二区段时，在紧邻 2m 煤柱的支巷内沿走向向煤柱侧打强放眼，实施强放，将煤柱崩坏，使其对顶板没有支撑作用。

第一区段第一回采阶段设计四条支巷，支巷之间开联络巷，共回采 9 个块段。支巷与联络巷宽 5m、高 3.2m，巷道上方仍存留 0.3m 左右的煤皮。

回采块段时采用双翼进刀，左侧采硐深 7.5m、右侧采硐深 11m，采高 3.6m；采硐宽 3.3m，进刀角度为 40°。同时采硐之间留设 0.3m 的煤皮，便于装煤。

为保证安全，使直接顶能够完全垮落，在回采完一个块段后，在支巷和联巷交接处向采空区顶板打强放眼，深度 20m，仰角为 30°；同时为保证整个区段的顶板充分运动，在第一联巷沿边界煤柱实施预裂爆破。

2.2.2　监测方案

为测得全垮落连采时煤体内部的应力分布和顶板的位移变化规律，在试验区域布置了 5个矿压监测站，分别标记为Ⅰ、Ⅱ、Ⅲ、Ⅳ、Ⅴ，如图 2-6 所示，具体位置分述如下。

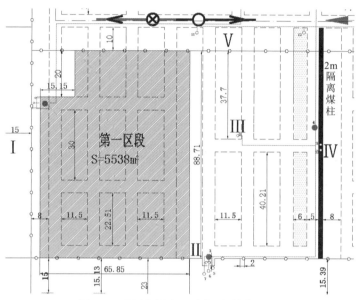

图 2-6　矿压监测布置示意图（单位：m）

2.2.2.1　测站Ⅰ

应力监测：位于第一区段倾向边界煤体内，布置在倾向中部，用于监测随回采进行倾向边界煤体内的应力动态变化规律，从而进一步为判断顶板沿倾向的运动状态提供依据。共布置 3 个测点，由煤体边界向里位置分别为 1m、3m、5m，应力钻孔间距 2m。

离层监测：在应力测点 2 附近的支巷顶板内布置一个离层测点和离层钻孔（深度为 8m，浅基点深度为 2.5m，下同），使得两个离层监测点分别位于直接顶内和基本顶内。

应力钻孔和离层钻孔孔径都为 40~42mm，下同。

2.2.2.2　测站Ⅱ

应力监测：位于第一区段走向边界煤体内，在 14 支巷尽头处，如图 2-6 中Ⅱ所示区域。用于监测随回采进行走向边界煤体内的应力动态变化规律，从而进一步为判断顶板沿走向的运动状态提供依据。共布置 3 个测点，由煤体边界向里位置分别为 1m、2m、3m，应力钻孔间距 2m。

离层监测：在深度为 2m 应力测点附近的顶板内布置一个离层测点。

2.2.2.3　测站Ⅲ

应力监测：位于隔离煤柱中部的煤体内，安装 1 个应力监测点，由煤体边界向里为 1m，用于监测随后退式回采时中部煤柱的受力破坏过程。

2.2.2.4　测站 IV

应力监测：在第一区段和第二区段间的煤柱内，在 11 支巷中间，在煤柱内安设两个钻孔应力计，深度分别为 1m、2m，间距为 2m。用于观测回采期间工作面前方煤柱的应力分布。

离层监测：在深度为 2m 应力测点的一侧顶板内布置一个离层测点。

2.2.2.5　测站 V

应力监测：在 14、12 支巷口煤柱内，安装 2 个钻孔应力计，钻孔深度均为 2m，用于观测支巷口煤柱在回采期间的应力分布。

应力、顶板离层监测采用在线监测系统进行观测，从测点引出电缆信号线至区域外围处安装应力分站和离层分站，再用主站将两种信号转换为物理信号后直接输出，进行数据分析和处理。

监测仪器应在工作面准备好之后，回采之前安设好。工作面回采过程中，垮落的顶板矸石极易损坏监测设备和线路，为保证监测的可靠性，用钢管将监测线路包裹，在地板挖槽后埋设，汇总线路后引入 4^{-2} 煤辅运大巷数据收集地点。

2.2.3　监测工作统计

从 6 月 26 日到 7 月 19 日的工作开展情况如下：

6 月 26 日：赶到榆家梁煤矿后，与矿领导讨论监测方案，优化测点布置，并对仪器安装和监测过程中的人员组成和厂家安设时间进行协商确定。

6 月 27 日：与仪器生产公司人员以及生产科技术人员在井下安装仪器，并对采空区顶板的垮落情况进行观察分析。

6 月 28 日：与矿方一同就采区的布置方案，尤其是第一区段的原设计方案、煤柱留设、回采过程中的一些问题与矿领导和技术人员进行沟通和探讨，并确定监测线路布置方案。

6 月 29 日：协同矿上技术人员、仪器生产厂家和现场工人进行现场施工，包括底板挖槽、仪器线路连接、线路埋设等。

6 月 30 日：对地面监测设备进行了安装，初步安装在连采三队会议室；协同矿上信息中心对信号进行调试和确定，完善监测系统。

7 月 1 日：对监测数据进行初步的收集和分析整理，并对第一区段第二阶段的回采工艺及第二、三区段的布置方案进行初步设计。

7 月 2 日：观察井下回采及采空区垮落情况，并对仪器和线路进行检修，发现线路损坏，挖槽检查后，发现采空区段线路损坏，无法进去维修。

7 月 3 日：编写初期监测报告，并向矿方汇报。

7 月 4 日：下井进行矿压显现观察，发现 15～18 支巷已经打临时密闭。

7 月 5 日～7 日：矿方更换皮带，停产三天。根据初期监测发现的问题，重新设计埋管方案，并对后面的监测工作进行准备。

7 月 8 日～10 日：落实监测仪器、设备以及电缆和束管，保护管子的工字钢等，下井进行矿压观察。

　　7月11日~12日：进行测站Ⅱ和测站Ⅲ的应力计和离层仪安装，安装4个应力计和1个离层仪。

　　7月13日~14日：测站Ⅳ安装应力计2个、离层仪1个，埋设采空区温度传感器1个、束管探测器3个。

　　7月15日：测站Ⅴ安设应力计2个，接线至监测主站和分站。

　　7月16日~17日：采空区内气体采集和化验、采空区内温度监测、采硐内的气体采集和化验、回风流中的气体采集和化验。

　　7月18日~19日：进行矿压监测、气体监测和温度监测，编写监测报告。

2.3　顶板运动及其控制实践

2.3.1　顶板运动规律

　　分析顶板运动规律的目的是便于控制，将顶板运动分为纵向运动（铅垂方向）和横向运动（工作面推进方向）来进行分析。下面以榆家梁矿42209工作面顶板运动规律研究为例来说明顶板全垮落法短壁连采的顶板运动。

2.3.1.1　顶板纵向运动规律

　　顶板纵向运动总体趋势是由下往上进行的，即先是直接顶达到悬顶极限跨度时的初次冒落，随着采空面积越来越大，岩层运动逐渐向高位发展并最终导致基本顶初次来压，来压过程会在短壁连采场引起剧烈的矿压显现，由于工作面没有综采液压支架，因此对顶板的控制重点放在对直接顶初垮的控制和基本顶初次来压的控制。

　　顶板沿纵向（铅垂方向）方向的运动（断裂与冒落）是有其自身规律的。一般而言，如果让其自然冒落，岩性差、厚度小的易冒岩层在达到自身极限垮落步距时会首先冒落，如果煤层上方的多层直接顶均为易冒岩层，则当煤层采出后冒落的直接顶会充填满采空区，对老顶的运动起到一定的限制作用；如果冒落性不好，则在采空区一定范围内形成悬顶，当其大面积垮落时会对采空区造成严重的冲击，此时需要对采空区顶板采取人为控制措施，包括强制放顶、地面爆破破顶和顶板注水等措施。

　　42209连采面顶板岩层柱状图如图2-5所示，其中参考了邻近工作面的岩层柱状图。

　　很显然，如果考虑岩层断裂冒落后的碎胀系数$k=1.3$，则充填满采空区需要垮落大约10m厚的直接顶岩层，从柱状图来看，要垮落到3.69m的浅灰色细砂岩才能充填满采空区；当岩层冒落性不好时，则在采空区形成大面积悬顶。

　　根据矿压理论，当下部岩层较上部岩层硬时，两组岩层组合在一起同时运动；而当下部岩层较上部岩层软时，两层岩石将产生离层，分开运动，形成两个运动的岩梁，分组岩梁上的载荷计算公式如下：

$$(q_n)_1 = \frac{E_1 h_1^3 (\gamma_1 h_1 + \gamma_2 h_2 + \cdots + \gamma_n h_n)}{E_1 h_1^3 + E_2 h_2^3 + \cdots + E_n h_n^3} \tag{2-1}$$

式中，$(q_n)_1$——第 n 层岩对第 1 层梁上的载荷；

$\qquad E_i$——第 i 岩层的弹性模量；

$\qquad h_i$——第 i 岩层的厚度；

$\qquad \gamma_i$——第 i 岩层的容重。

当 $(q_{n+1})_1 < (q_n)_1$ 时，表明第 $(n+1)$ 岩层与第 n 岩层发生离层。

榆家梁矿提供的各岩层岩性力学参数见表 2-3。

表 2-3　榆家梁矿 4^{-2} 煤顶板力学参数

参数	泥岩	粉砂岩	细砂岩	中粒砂岩	粗粒砂岩	备注
容重	2.4	2.4	2.4	2.3	2.4	
抗压强度/(kg/cm^2)	319	412	484	413	161	
抗拉强度/(kg/cm^2)	100	150	190	22	14	各项数值系该
抗剪强度/(kg/cm^2)	43	53	69		64	样品平均值。弹性模量单位
弹性模量/($\times 10^5$)	0.65	1.09	1.55	1.59	0.79	为 kg/cm^2
泊松比	0.14	0.23	0.24	0.4	0.17	
普氏系数	3.47	3.6	5.03		1.61	

从井下实际观测发现，6.1m 的泥岩实际上是分为两层冒落的，下部约 1.8m 首先冒落且颜色呈灰白色，其上的 4.3m 黑色泥岩悬到一定跨度后再随后冒落，因此将 6.1m 的泥岩直接顶分为两层来考虑。

根据表 2-3 结合公式(2-1)，各岩层上的荷载分别计算如下：

第 1 层载荷 q_1 为

$$q_1 = \gamma_1 h_1 = 24 \times 1.8 = 43.2 \text{kPa}$$

考虑第 2 层对第 1 层的作用，则

$$(q_2)_1 = \frac{E_1 h_1^3 (\gamma_1 h_1 + \gamma_2 h_2)}{E_1 h_1^3 + E_2 h_2^3} = 10 \text{kPa} < q_1$$

由此可知，第 2 层由于本身强度大、岩层厚，对第一层载荷不起作用，所以第一层岩层所受载荷大小为 43.2kPa。

第 2 层本身载荷 q_2 为

$$q_2 = \gamma_2 h_2 = 24 \times 4.1 = 98.4 \text{kPa}$$

$$(q_3)_2 = \frac{E_2 h_2^3 (\gamma_2 h_2 + \gamma_3 h_3)}{E_2 h_2^3 + E_3 h_3^3} = 76.46 \text{kPa} < q_2$$

所以第 2 层所受载荷大小为 103.2kPa。

第 3 层本身载荷 q_3 为

$$q_3 = \gamma_3 h_3 = 24 \times 3.69 = 88.56 \text{kPa}$$

$$(q_4)_3 = \frac{E_3 h_3^3 (\gamma_3 h_3 + \gamma_4 h_4)}{E_3 h_3^3 + E_4 h_4^3} = 125.43 \text{kPa}$$

$$(q_5)_3 = \frac{E_3 h_3^3 (\gamma_3 h_3 + \gamma_4 h_4 + \gamma_5 h_5)}{E_3 h_3^3 + E_4 h_4^3 + E_5 h_5^3} = 79.81 \text{kPa} < (q_4)_3$$

由此可知，应考虑第 3、4 层对第三层载荷的影响，所以第 3 层所受载荷大小为 125.43kPa。

按公式(2-1)计算得到按自然冒落来考虑时的岩层运动分组如下：

直接覆盖在煤层上方的 1.8m 泥岩首先离层——→4.3m 黑色泥岩随后与上部岩层离层——→3.69m 浅灰色细砂岩与 2.75m 泥岩粉砂岩互层共同组成一组与上部岩层离层——→其上的岩层呈弯曲下沉整体运动。

各岩层离层情况如图 2-7 所示。很显然，如果不对顶板运动进行人为主动控制，顶板将按上述离层规律且达到各岩层的极限垮落步距后分层依次冒落，因此还要计算出各岩层的初次垮落步距，也就是要对横向运动规律进行分析。

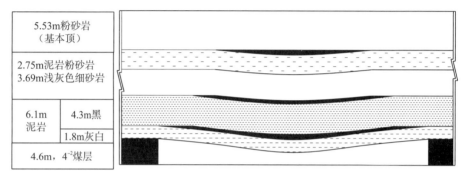

图 2-7　42209 连采面顶板离层与组合运动

2.3.1.2　顶板横向运动规律

上面分析了 4^{-2} 煤的顶板离层与分组运动情况，这里主要分析不同岩梁组的运动步距，分为初次垮落步距和周期垮落步距。

直接顶初次垮落时，两端是嵌固状态，一旦初次垮落后便形成简支状态，应分别按两种状态来计算步距。

固支状态(初次垮落)的步距公式

$$L_0 = h\sqrt{\frac{2R_{\mathrm{T}}}{q}} \tag{2-2}$$

式中，R_{T} 为岩石单轴抗拉强度，kg/cm^3。

简支状态(直接顶悬顶)的步距公式

$$L = h\sqrt{\frac{2R_{\mathrm{T}}}{3q}} \tag{2-3}$$

将上述不同运动岩梁相关数值代入计算，得到表 2-4 所示的各岩梁初次垮落步距与周期垮落步距。

表 2-4　直接顶各岩梁运动步距

岩层组	厚度/m	初次垮落步距/m	周期垮落步距/m
细砂岩 泥岩粉砂岩互层	3.69 2.75	64.22	26.21
泥岩1	4.3	59.86	24.43
泥岩2	1.8	38.73	15.81

上述运动规律分析在井下实际回采过程中得到了证实。

井下回采过程发现，当 15~18 支巷回采完毕后开掘出 11~14 支巷进行回采时，回采完 14 支巷南翼段以及 13 支巷南翼一半后，由于回采工序的原因尚未进行直接顶的强放，于 2012 年 7 月 15 日夜班直接顶初次自然垮落，垮落时形成强大的气流，工作人员有明显的气流压迫感。由于直接顶冒落位置在远离回采煤壁的采空区内，且有线性支架在回采作业边缘护顶支护，回采作业处的顶板依然保持较好的稳定性、未垮落。

图 2-8 为初次垮落时现场照片，图 2-9(a) 为直接顶初次自然垮落时的平面素描图。从图 2-9(a) 中可以看出，直接顶初次自然垮落时的步距为 35~40m，煤壁附近有一小段悬顶不会及时垮落，与前面的理论计算值相符。同时从图 2-9(b) AA 剖面图可以看出顶板冒落后形成的顶板结构，越向上的岩层，断裂口越滞后回采工作面煤壁，岩层运动是逐层向上发展的，且最先冒落的 1.8m 泥岩与上覆尚未冒落的 4.8m 泥岩之间有大约 3.0m

图 2-8　直接顶初次垮落时现场照片

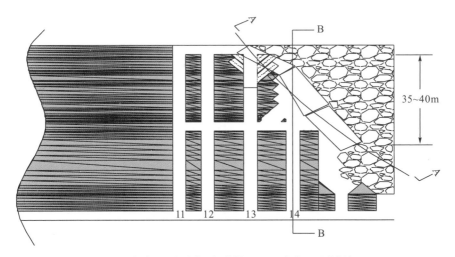

(a)直接顶初次垮落现场素描(15~18 支巷已回采完毕)

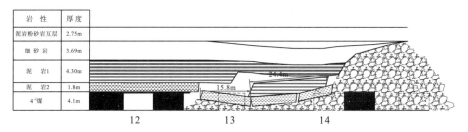

岩　性	厚度
泥岩粉砂岩互层	2.75m
细砂岩	3.69m
泥岩1	4.30m
泥岩2	1.8m
4⁻¹煤	4.1m

(b)AA剖面：顶板垮落纵向剖面

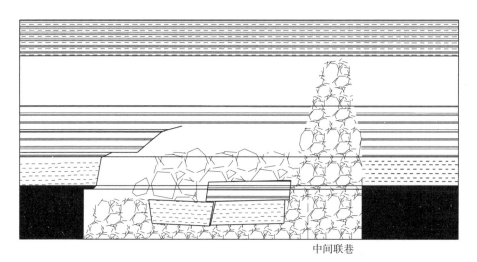

中间联巷

(c)BB剖面：顶板垮落纵向剖面

图 2-9　直接顶初次垮落示意图

的空间，这为采空区通风风流的顺畅流动提供保障的同时，也给上层顶板运动时可能产生动压冲击提供了可能，因此必须人为对顶板的运动加以控制，即在达到直接顶初次自然垮落步距之前利用检修班时间实行强制放顶，从根本上消除自然垮落时的气流冲击威胁。

现场采取的干预措施即对直接顶强制放顶，如图 2-10 所示，检修时在联络巷附近向已回采空间顶板打眼放炮将悬顶直接爆破崩落，实践表明，采取该措施后可大大提高回采时的安全。

强制放顶主要参数：炮眼斜长：20m、仰角 30°、装药系数为 0.6，炮泥装填系数为0.4，可控制将 10m 高的直接顶强制放落，崩落的直接顶矸石基本充填满采空区。两次强制放顶之间的直接顶在很小的回采步距后随即垮落，如图 2-10 所示。

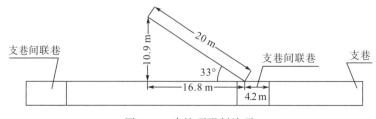

图 2-10　直接顶强制放顶

强制放顶后，将更高位的直接顶强制断裂冒落，尽管强放步距之间的部分直接顶有可能仍未垮落，但随着回采面积的增加，支承压力也在逐渐增加，会在很短的推进步距内将剩余的直接顶自然垮落下来，直接顶形成"人工强制放顶＋小步距自然垮落"的运动模式，如图 2-11 所示。

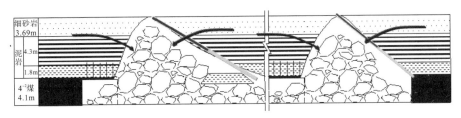

图 2-11　强制放顶效果及压力传递示意图

由于冒落的直接顶矸石已将采空区充满，基本顶运动时在逐渐沉降的过程中将会很快触矸，同时将上覆岩层的顶板压力直接作用在采空区矸石上，在逐渐压实矸石的同时基本顶也将会呈现出弯曲下沉的运动形式，消除基本顶剧烈运动对工作面形成的动压冲击。

2.3.1.3　直接顶运动顺序

按照上述方法控制顶板后，采空区的顶板将形成分段、分区域冒落，整个试验区域的顶板冒落顺序如图 2-12 所示。

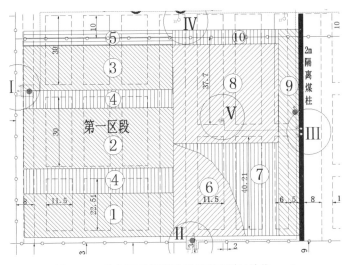

图 2-12　采空区直接顶分段垮落顺序(单位：m)

分析顶板运动可以看出，11～18 支巷回采完毕后，由于顶板为分段、分区冒落，保证了顶板运动的安全性，按此种顶板控制方法共计安全回采面积 10380m²。采空区顶板冒落可分为 10 个垮落次序，分别描述如下：

①、②、③——随回采进行，对直接顶进行强制放顶，属于人为干预顶板运动。

④——联巷上方顶板和强放眼空眼段(未装药段)，此范围的顶板因为有锚杆支护以及悬跨度尚小，在强放段顶板垮落后才冒落。

⑤——15~18 支巷口煤柱内的顶板。按回采工艺设计,此段留设 10m 支巷口护巷煤柱,当区域内煤层回采完毕后,顺序回采辅运与胶运间煤柱和右翼煤柱,因此时顶板活动已经开始充分运动,故此段顶板将会随采随冒。

⑥——此段顶板因回采工序的原因,当回采完 14 支巷后继续回采 13 支巷尽头处煤层,而没有来得及及时强放,造成直接顶的自然垮落(垮落参数前面已叙述过,此处不再赘述)。

⑦、⑧——与①、②、③类似。

⑨——11 支巷的顶板和 8m 煤柱内的顶板(此处煤层由 12 支巷向右回采)。

⑩——与⑤类似。

2.3.1.4　直接顶板运动与煤柱内应力关系

1.　开切眼边界煤柱内应力变化规律

下面以煤柱应力变化规律、回采面积、顶板结构三者关系来分析。

1)应力变化规律

此测区观测随着回采区域整体向右推进,开切眼处煤柱内应力随时间变化的实测曲线如图 2-13 所示。

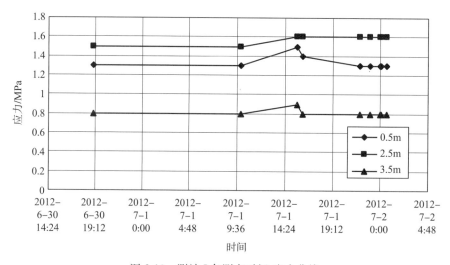

图 2-13　测站 I 各测点时间-应力曲线

测站 I 处的离层仪在 6 月 27 日安装,30 日开始读数。浅基点 B 的位移从 27 日的 0mm 增加到 7 月 1 日 10 点 08 分的 0.3mm 后一直维持在 0.3mm 不变,直至测点损坏;深基点 A 的位移从 27 日的 0mm 增加到 7 月 1 日 10 点 08 分的 3.6mm,然后在 3.6~3.8mm 波动,最终稳定在 3.6mm,直到测点损坏。顶板离层从最初的 0mm 增到 3.6mm,然后在 3.5~3.3mm 波动,最终稳定在 3.3mm,直到测点损坏,如图 2-14 所示。

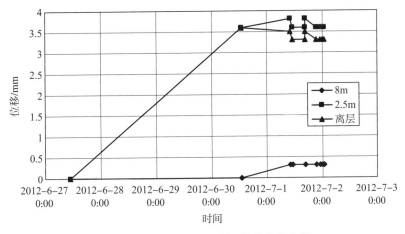

图 2-14　测站Ⅰ处顶板时间-位移变化曲线

2）回采面积

测站Ⅰ安装时，16 支巷已经回采完毕；测站Ⅰ数据中断时，18 支巷刚刚开始采第一联巷北翼，回采面积为 5538m²，如图 2-15 所示。

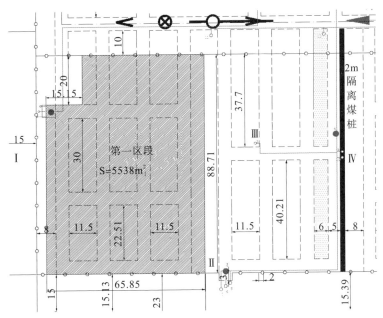

图 2-15　测站Ⅰ数据中断时的回采面积（单位：m）

3）顶板结构

对该区域内的 4 条支巷（15～18）回采过程中的顶板垮落井下观测及素描，得到支巷回采完毕后的顶板结构如图 2-16 所示（以 17 支巷为例）。

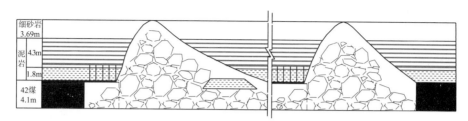

图 2-16   17 支巷顶板结构剖面

总体来讲，由于该区域回采面积小，且有两条联络巷贯穿其中，回采九个煤柱块段，每个块段倾向尺寸不到 30m，回采每个块段时在联络巷处向采空侧顶板打眼强放直接顶，放顶高度 10m，直到顶板上方 2.75m 的泥岩粉砂岩互层位置，强放处顶板垮落较及时，充填高度大，从而对上覆更高位置的基本顶岩层形成支撑，局部有小范围的直接顶自然垮落，基本顶板并无大面积来压。

2. 支巷尽头煤柱内应力（测站Ⅱ）

1）应力变化规律

该测区内的应力观测数据比较充分，随着回采面积增加时的应力变化、应力增量、应力变化率（速度）、顶板离层曲线分别如图 2-17～图 2-20 所示。

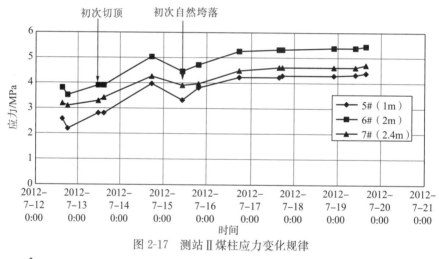

图 2-17   测站Ⅱ煤柱应力变化规律

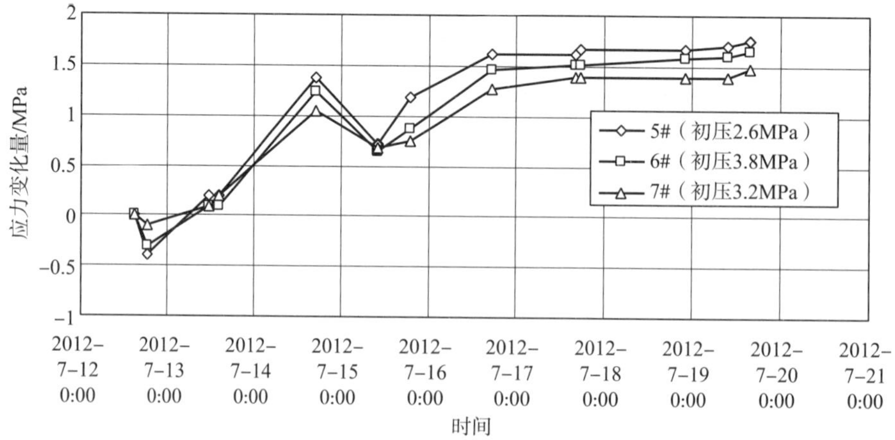

图 2-18   测站Ⅱ各测点时间-应力变化量曲线

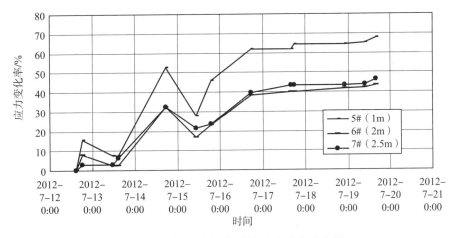

图 2-19　测站 Ⅱ 各测点时间-应力变化率曲线

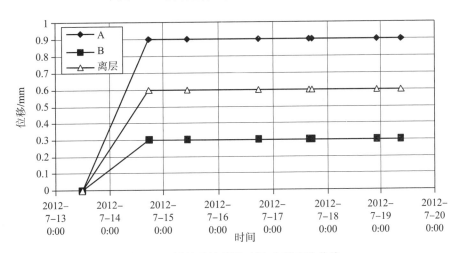

图 2-20　测站 Ⅱ 处顶板时间-位移变化曲线

应力变化与顶板运动可以分为两个阶段，回采前在支巷尽头（支巷端头）处对顶板进行了切顶爆破（后面将论述），力图在回采前就将支巷端头处的直接顶切断，减轻支巷回采时的压力。从图 2-17 可以看出，尽管切顶处位于观测测点附近，但切顶对边界煤柱中的应力影响不大，几乎没有影响。反而是在直接顶初次自然垮落时对煤柱内的应力影响较大，垮落前应力较高，垮落后煤柱内的应力有所降低，然后随着回采面积增加应力继续缓慢上升，最终在 5.5MPa 处保持稳定（原岩应力大约为 2.0MPa）。

2）顶板结构及运动

首先，在 14 支巷尽头联巷切顶爆破，使得尽头联巷的顶煤和锚杆控制范围内的部分直接顶发生冒落，锚杆仍然固定在直接顶中。从应力曲线来看，直接顶切顶爆破对边界煤柱应力几乎没有影响；从位移曲线来看，顶板位移略有增加，最大为 0.9mm。

其次，随着 14 支巷的回采，悬顶面积不断加大，14 支巷（中间联巷和尽头联巷间煤柱）回采完毕，回采 13 支巷（中间联巷和尽头联巷间煤柱），回采 14、13 支巷和中间联巷间的煤柱时直接顶发生较大面积的自然垮落，现场照片如图 2-8 所示。顶板结构素描如图 2-9（a）所示。从对应的应力曲线图来看，由于直接顶大面积垮落，煤柱内部的应力有所下降。

从顶板结构图中可以看出，14 支巷一侧为采空区，特别是 15 支巷强制放顶后产生了大量破碎矸石，使得 14、13 支巷回采时直接顶变成三边固支一边断开的板，当达到极限面积时，直接顶大范围垮落。受到锚杆加固的影响，直接顶断为几个大块，厚度为 2m 左右，长度在 6m 左右。在大块直接顶的下方为破碎的顶煤和从 15 支巷采空区窜过来的矸石。在大块锚固直接顶的上方为厚层坚硬的直接顶，厚度在 4m 左右，其下层厚度 2m 左右顶板垮落成长度为 10m 左右的大块，其上层 2m 左右的直接顶悬而未垮。再向上为 3.69m 厚的基本顶，在直接顶和采空区垮落矸石的支撑下，只产生离层和弯沉，未破坏。从对应的应力曲线图来看，随着上位直接顶和基本顶的弯曲下沉，煤柱内部的应力又逐渐增大；在基本顶沉降完成后，应力基本稳定。同时，可以看出，直接顶悬顶距离较大使得采空区存在一个较大通道，这为采空区通风创造了条件。

当在 12、13、14 支巷口进行强制放顶后，顶板的冒落状态和结构如图 2-21 所示。强制放顶使得 10m 厚范围内的直接顶发生大范围的破碎，图中部所示的厚层矸石，它为前后两侧的上位直接顶和基本顶提供了支撑作用，从而形成了两个"压力拱"。因此，从应力、位移曲线图来看，第二次强制放顶对倾向边界煤柱的应力和附近的离层几乎没有影响。

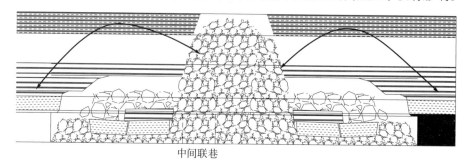

中间联巷

图 2-21　14 支巷回采完毕时的顶板垮落剖面[图 2-9(b) 的 BB 剖面]

3)垮落面积变化

测站Ⅱ安装时，16～18 支巷已经回采完毕，回采面积为 5842m²；第一次顶板较大范围自然垮落时，14、13 支巷南翼部分回采面积为 1123m²；中间联巷强制放顶时，回采面积为 1597m²；11～14 支巷回采完毕，总回采面积为 10839m²(5842＋1123＋1597＋2277)，如图 2-22 所示。

3. 走向推进方向边界煤柱(测站Ⅲ)

1)应力、位移变化规律

在测站Ⅲ(11 支巷中间一侧煤柱内)布置了两个钻孔应力计和一个离层仪，根据测得的数据，得到应力、应力增量、应力变化率、位移与时间的关系曲线如图 2-23～图 2-25 所示。

测站Ⅲ处的离层仪在 7 月 15 日安装，12:20 开始读数。深基点 A 的位移从 15 日的 0mm 增加到 16 日 17:30 的 3.3mm 后一直维持在 3.3mm 不变，直至 17 日 17:35；随后，深基点位移增加到 4.2mm(18 日 22:00)；最后位移基本稳定在 4.1mm(20 日 9:30)。浅基点 B 的位移从 0mm 增加到 2.1mm，然后保持两天不变，又增加到 2.7mm，一直保持不变至 20 日。顶板离层(A-B)从最初的 0mm 增到 1.2mm 后保持两天不变，随后离层增加到 1.5mm，最后稳定在 1.4mm，直到 20 日，如图 2-26 所示。

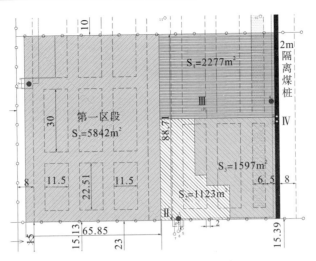

图 2-22　回采面积变化示意图(单位：m)

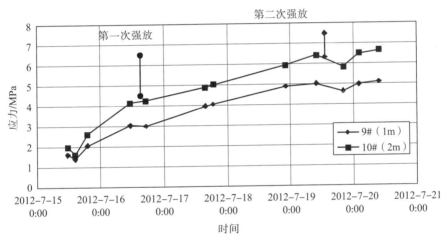

图 2-23　测站Ⅲ各测点时间-应力曲线

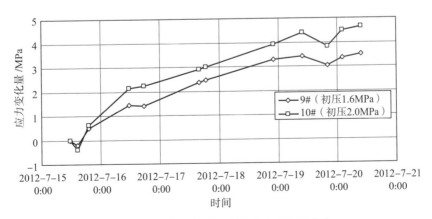

图 2-24　测站Ⅲ各测点时间-应力变化量曲线

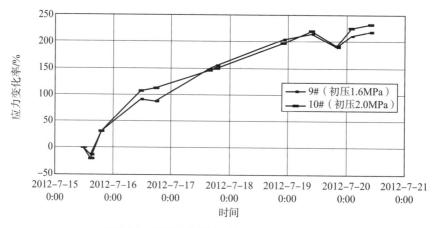

图 2-25　测站Ⅲ各测点时间-应力变化率曲线

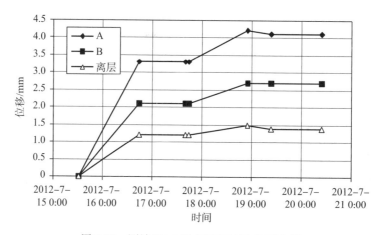

图 2-26　测站Ⅲ4#测点顶板时间-位移曲线

2) 顶板结构及运动

首先，11、12 支巷尽头联巷和 11 支巷进行切顶爆破，使得尽头联巷和 11 支巷的顶煤和锚杆控制范围内的全部顶煤和部分直接顶发生冒落，锚杆锚固端仍然固定在直接顶中。从应力曲线来看，直接顶切顶爆破对边界煤柱应力几乎没有影响；从位移曲线来看，顶板位移下降明显，最大为 3.3mm，离层为 1.2mm。

其次，随着从 14 支巷(中间联巷和尽头联巷间煤柱)向着 11 支巷回采的进行，悬顶面积较大；当 14、13 支巷出现第一次自然垮落时，由于垮落区域距离测站Ⅲ较远，而且在走向上，直接顶仍有 11 支巷煤柱和 12 支巷煤柱支撑，所以应力受垮落的影响不大，应力继续增加；当 12、13 支巷强制放顶时，顶板大面积垮落，采空区内顶板从下向上依次为垮落的顶煤、垮落的下位直接顶(自然垮落和强制爆破的)、上位直接顶、基本顶。联巷内强放时，11 支巷内的直接顶未产生大面积垮落，仅是有所下沉，直接顶悬顶距离约为 11m。由于直接顶悬顶距离，边界煤柱受直接顶影响大，受到联巷强放引起的顶板垮落较小，反映在应力曲线上，应力值基本不变或略有下降，顶板位移和离层也未出现变化。

随着 14、13、12 支巷的继续回采，回采面积进一步加大，使得边界煤柱上压力进一步增加，顶板下沉也有所增加，最大为 4.2mm，离层最大为 1.5mm。在 14～12 支巷口强放后，14～12 支巷的顶板大面积垮落，同时也引起了 11 支巷顶板的大面积垮落，冒落结构见图 2-27、图 2-28。强放之后，应力迅速下降，随着直接顶的下沉，边界煤柱应力又有所增加。

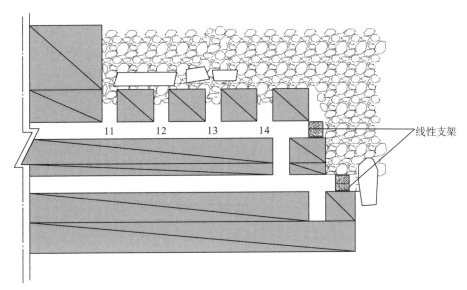

图 2-27 12～14 支巷口强制放顶后顶板垮落示意平面图

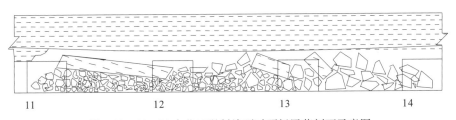

图 2-28 12～14 支巷口强制放顶时顶板冒落剖面示意图

从图中可以看出，强放之后，直接顶大面积垮落，一些破碎矸石涌入到支巷内，11 支巷未强放，其下位直接顶成大块状垮落，垮落厚度约 2m，长度约 10m；强放后的下位直接顶在支巷附近，块度较大，长度约 5m。同时，发现支巷口煤柱出现大面积片帮现象，特别是 13、14 支巷口煤柱片帮严重。

3)垮落面积变化

测站Ⅲ安装时，16～18 支巷已经回采完毕，11～15 支巷尚未回采，测站Ⅱ数据中断时，11～14 支巷回采完毕，总回采面积为 10839m²。

4. 支巷口煤柱内应力变化规律(测站Ⅳ)

1)煤体应力变化规律

在测站Ⅳ(14 支巷、12 支巷巷口煤柱)布置了两个钻孔应力计(11#、12#)，根据测得的数据，得到应力、应力增量与时间的关系曲线如图 2-29 和图 2-30 所示。

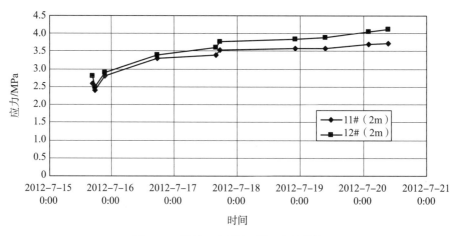

图 2-29　测站Ⅳ各测点时间-应力曲线

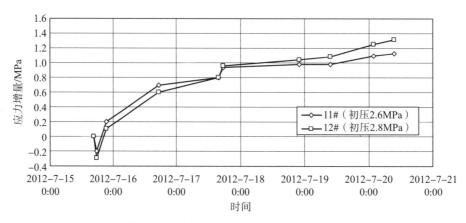

图 2-30　测站Ⅳ各测点时间-应力增量曲线

可以看出:支巷口煤柱宽度为 10m,11#、12#钻孔应力安装在远离采空区的一侧,钻孔深度均为 2m,在 12~14 支巷煤柱回采的过程中,随着回采面积的增大,应力总体上缓慢增加,但是由于距离采空区较远,应力增加值较小。

2)顶板结构和运动

首先,13、12 支巷中间联巷进行强制放顶时,支巷口煤柱和 14~11 支巷未采煤柱共同支撑顶板,顶板稳定。

其次,随着在 14~12 支巷口强放后,直接顶大面积垮落,采空区一侧有垮落的直接顶填充,如图 2-31 所示。

随着右侧支巷煤柱的开采,以及胶带巷和辅运巷间煤柱、支巷口煤柱的开采,强制放顶的进行,直接顶将大面积垮落,基本顶将由采空区边界煤柱和矸石支撑,预计基本顶发生弯沉,不发生断裂。

3)垮落面积变化

测站Ⅳ安装时,14、13 支巷已经发生一次大面积自然垮落,总回采面积为 6965(5842+1123)m²;11~14 支巷回采完毕,总回采面积为 10839(5842+1123+1597+2277)m²。

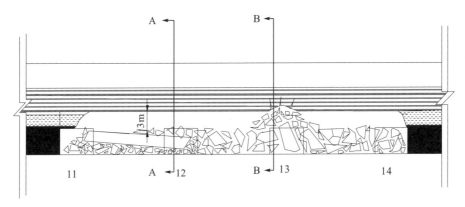

(a)支巷口顶板结构剖面

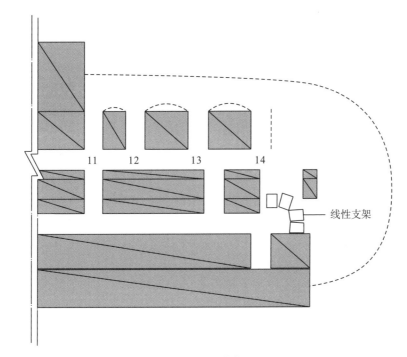

(b)支巷口顶板结构平面

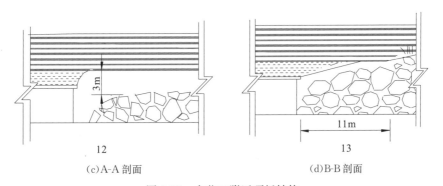

(c)A-A 剖面　　　　　　　　(d)B-B 剖面

图 2-31　支巷口附近顶板结构

当开始回收辅运煤柱和胶运右翼煤柱时，回采面积将进一步增加，左翼、右翼、辅运与胶运间煤柱顶板相互连通为一整体，形成一块巨大的"板"结构，在此时回采右翼和胶辅运间煤柱时压力相当大，应该制定专门的回采措施，防止顶板事故的发生。

5. 采空区中间煤柱(测站Ⅴ)

1)煤体应力变化规律

在测站Ⅴ(13支巷与中间联巷附近煤柱拐角处)布置了一个钻孔应力计(8#)，根据测得的数据，得到应力与时间的关系曲线如图2-32所示。

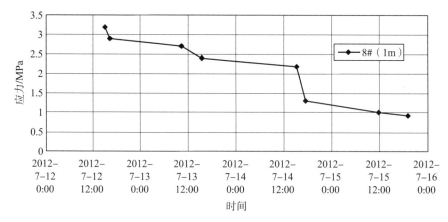

图2-32 测站Ⅴ测点时间-应力曲线

8#钻孔应力计在7月11日安装，7月12日15:00开始测得数据，7月15日19:10数据消失。8#应力在7月12日15点初读为3.2MPa，16:15分下降到2.9MPa；然后基本保持稳定一直到7月13日10:30分(2.7MPa)；然后应力下降到2.4MPa，又基本保持稳定一直到至7月14日15:15分(2.2MPa)；然后应力下降到1.3MPa，最后基本保持稳定直到测点破坏，7月15日19:10应力值为0.93MPa。

2)顶板结构

应力计安装初始煤壁即有片帮现象发生，表明此处煤体已经受到前面支巷回采超前支承压力的影响。总体上来讲，8#应力点处受到了两个回采方向的支承压力的影响，随着支巷从14向12方向回采，施加在中间煤柱的压力越来越大，对应煤壁破坏和片帮程度加剧，如图2-33所示。

3)垮落面积变化

测站Ⅴ安装时，16~18支巷已经回采完毕，回采面积为5842m²；第一次顶板较大范围自然垮落时，回采面积为1123m²；中间联巷强制放顶时，回采面积为1597m²；此时，顶板总的回采面积为8562m²。

可以看出：8#测点的煤体应力曲线呈现阶段下降的趋势，说明煤柱内部破坏不断发展的过程是：随着回采面积的增大，煤柱承受压力增大，内部产生裂纹，裂纹扩展到一定程度基本稳定；回采面积继续增大，原有裂纹继续发展，新的裂纹又产生；最终导致煤壁片帮，煤柱外部局部破坏。8#测点处煤壁片帮如图2-34所示。

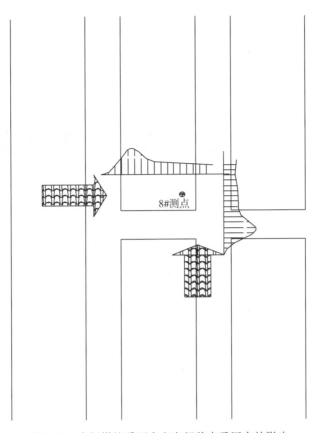

图 2-33　中间煤柱受两个方向超前支承压力的影响

图 2-34　8#测点处煤壁片帮照片

2.3.1.5　顶板运动与超前支承压力

从测站Ⅲ、Ⅳ及现场宏观观测可以大致推出回采引起的超前支承压力和侧向支承压力分布范围,这里定义垂直于支巷方向为走向、平行于支巷方向为倾向(尽管是水平煤层,依然借用一般的走向、倾向定义),则可得到全垮落法短壁连采引起的超前支承压力和侧向支承压力分布,如图 2-35 所示。

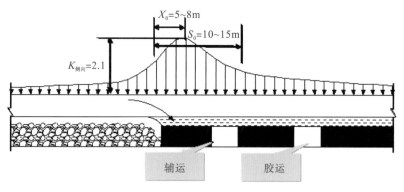

(a)侧向支承压力分布

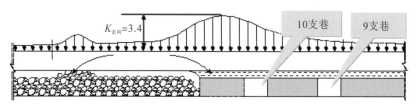

(b)走向支承压力分布

图 2-35　回采引起的走向和侧向支承压力

测站Ⅲ监测到的煤柱内的应力可视为走向支承压力分布，由前面的应力分布可知，应力最高值达到 6.8MPa，若原岩应力以 2.0MPa 计，则走向支承压力峰值系数为 3.4，超前煤壁 2.0m；测站Ⅳ监测到的应力峰值为 4.2MPa，则侧向支承压力峰值系数为 2.1，从支巷口煤柱的变形与破坏程度来判断，侧向应力峰值位置位于煤壁前方 5.0～8.0m，影响范围为 10～15m。

2.3.1.6　顶板运动与地表沉陷

2012 年 7 月 20 日，当 11～18 支巷全部回采完毕时（此时回采总面积为 10839m²），榆家梁矿王世栋副总工程师带领课题组成员到地表进行了实地观察，结果发现，回采区域对应地表还未出现地表裂缝与下沉现象，7 月 21 日～28 日，井下开始回采辅运胶运间的煤柱、胶运北翼约 30m 宽的煤柱、14～11 支巷口间煤柱（此部分回采总面积约 5000m²）。8 月 3 日地表出现裂缝，但并未形成台阶式的地表下沉，如图 2-36 所示。这与井下采空区冒落较好，与充填高度大大相关，基本顶（关键层）呈缓慢下沉形式，地表也就不会出现台阶断裂缝移动变形。这一点在 4^{-2} 煤综采面的地表下沉实践中已经得到证实。约 4.0m 的 4^{-2} 煤综采大面积回采后，地表只有约 1.0m 的沉降盆地，也未出现大面积台阶状沉陷。

可见，地表出现断裂缝时井下辅运胶运南翼回采面积为 10839m²，辅运胶运北翼回采面积为 5000m²，总的回采面积达到 15839m²，地表出现断裂缝的时间比井下回采完毕时的时间滞后 6d。

图 2-36　地表断裂缝

2.3.2　极限回采面积

根据短壁连采工艺的特点，这里将极限回采面积分为两种情况来考虑，其一是最下层直接顶达到初次垮落前的最大回采面积；其二是上覆岩层主关键层开始明显活动前的回采面积，两者对短壁连采的影响是不一样的。前者一旦直接顶在采空区初垮，将对工作人员形成直接的矸石和气流冲击，可能直接造成对工人的压、砸、碰、吹等伤害事故，因此我们可定义为"工艺极限回采面积"，而后者一旦关键层运动则在推进方向的前方煤体内应力值达到极限最高值，这里定义为"应力极限回采面积"，达到此面积时造成回采煤壁片帮严重、煤体稳定性极差，工人同样不敢进入煤体内采煤，且如果此时冒落矸石对采空区充填不密实，必然引起大面积的顶板垮落冲击事故，此时的威胁主要来自顶板大面积垮落时形成的飓风。

2.3.2.1　工艺极限回采面积

由前述知，对回采工艺有影响的岩层运动范围是约 10m 厚的直接顶，冒落后对采空区充填较好，其上的老顶主要呈弯曲下沉形态出现，不会形成大的台阶下沉冲击。因此，计算极限回采面积时也应以最下层位的直接顶运动步距来加以重点考虑。

最大的极限回采面积发生在采空区形态呈现走向、倾向方向均接近直接顶初次垮落步距的时候，即极限回采面积为采空区形态呈方形的时候，也就是常说的回采"见方"时的面积，由此得到不同岩梁组在采空区运动时的极限面积见表 2-5。

表 2-5　考虑不同层位直接顶垮落时的极限回采面积

岩层组合	厚度/m	初次断裂极限面积/m²	周期断裂极限面积/m²
细砂岩、泥岩粉砂岩互层组合	6.44	4124	687
泥岩 1	4.3	3583	597
泥岩 2	1.8	1500	250

注：细砂岩、泥岩粉砂岩互层组合厚度为：细砂岩 3.69m，泥岩粉砂岩 2.75m。

由理论计算面积可知，即使按最下层直接顶初次断裂时的极限回采面积来考虑也有

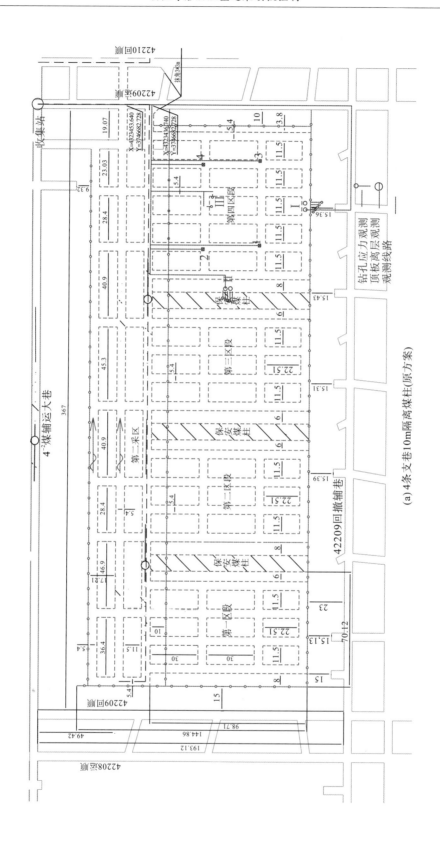

(a) 4条支巷10m隔离煤柱(原方案)

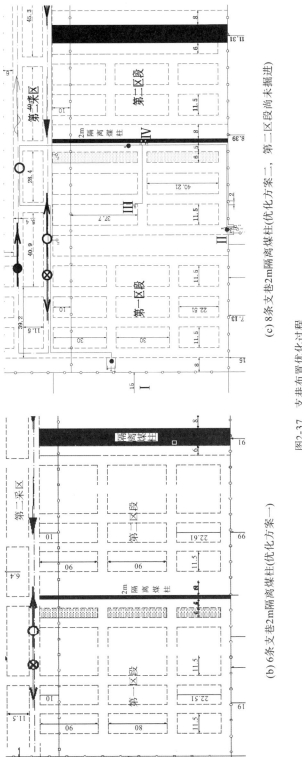

(b) 6条支巷2m隔离煤柱(优化方案一)

(c) 8条支巷2m隔离煤柱(优化方案二，第二区段尚未掘进)

图2-37　支巷布置优化过程

1500m²，由于悬跨度大，在现场监测中发现可供其断裂后的下落高度大约有 3.0m，对工作面的生产将会造成严重的影响，给安全生产带来极大威胁。因此针对这种情况，现场采用了预切顶与强制放直接顶相结合的措施，减少岩梁的悬跨度，减少因直接顶运动产生的回采极限面积，实现安全回采的目的。

2.3.2.2　应力极限回采面积

井下无法在主关键层内设置观测点，因此对于主关键层的运动可以借助地表移动与下沉规律来反推，一旦地表开始移动下沉，则表明主关键层已经经历了充分的运动，此时的回采面积为一并考虑安全系数和地表岩移的滞后时间差后往前反推得到的回采面积，可以近似作为判断主关键层运动时的应力极限回采面积。

如图 2-12 所示，整个区域 8 条支巷于 2012 年 7 月 22 日回采完毕，共计回采面积 10839m²，加上胶运、辅运间煤柱的回收以及胶运北翼煤体 30m 支巷回收的煤柱，共计有 16089m² 的面积回采完毕，于 2012 年 8 月 3 日首次在地表发现断裂缝，表明此时主关键层已经断裂运动，解除了采空区主关键层大面积悬顶的威胁，此时主关键层运动引起的应力极限回采面积暂定为 13000m² 是合适的。

2.3.3　回采方案优化

现场试验过程中，及时总结监测资料，将监测结果反馈服务于生产中。为此，现场生产过程中提出了如下几个方案优化措施：支巷布置优化、联巷布置优化、回采顺序优化、区段边界顶板预切顶。

2.3.3.1　支巷布置优化

支巷布置优化是在生产过程中逐渐形成的，最先设计的支巷布置是第一区段 4 条支巷(分别为 18，17，…，15)留一个 10m 的区段隔离煤柱，通过第一区段的回采监测发现，当回采完头 4 条支巷后，煤柱变形不大，应力上升也不明显，因此初步提出改为 6 条支巷作为一个回采区段(分别为 18，17，…，13)，留 2m 的小煤柱作为该区段防冲击风流的隔离煤柱(因后续回采时该煤柱会失稳破坏，对顶板不起支撑作用)。考虑到回采工艺的连续与方便，决定改由 8 条支巷作为一个回采区段(分别为 18，17，…，11)，其中第 11 支巷回收煤柱(仅用于顶板预切顶，后述)，11 支巷与 12 支巷间只留 8m 煤柱由 12 支巷左翼进刀进行回采，该区域回采完毕后仍留 2m 区段隔离煤柱(第二区段支巷实际布置时，2m 煤柱也取消了)，真正实现了完全无煤柱开采，支巷优化过程如图 2-37 所示。

2.3.3.2　联巷布置优化

总长 98m 的支巷原方案设计了两条联巷，这样布置的好处是各个煤柱块段小，在支巷与联巷交叉处向采空区顶板强放时炮眼沿支巷长度的间距小，利于直接顶的及时冒落，不利因素是加大了支巷与联巷交叉处煤柱的回采难度，且由于联巷顶板需要锚杆支护，加大了联巷顶板的冒落难度。

为此，根据对顶板运动规律的监测分析，提出了只掘一条联巷的方案，如图 2-37(c)所示，克服了上述缺点，回采事实证明，此方案是可行的。

2.3.3.3　回采顺序优化

原设计中，区段内回收煤柱是从右向左前进式回采的，优化方案中取消了区段隔离煤柱，如果仍沿用原回采顺序势必造成最后一条支巷回采时的集中应力叠加，严重时可能工人无法进入支巷作业，因此将回采顺序改为由左向右后退式回采，即先后退式回采联巷南翼，再后退式回采联巷北翼。

2.3.3.4　区段边界顶板预切顶

由于区段回采面积加大，为了确保回采的安全，提出了在回采区段四周的支巷（或支巷尽头联巷）内顶板内打眼放炮，对顶板进行松动切顶，事先拉出一条断裂缝，目的是切断直接顶的完整性，将顶板支承条件由固支改为简支，有利于直接顶的及时冒落。

2.3.4　顶板控制技术

采用顶板全垮落法短壁连采时，由于回采作业人员与采空区之间没有综采液压支架实现全空间封闭管理，因此对顶板运动的控制技术就显得更加重要。笔者经过一个月的现场生产实践，摸索出了适合短壁连采的多种顶板管理技术，系统总结归纳如下。

2.3.4.1　定向聚能爆破预切顶技术

采用定向聚能爆破原理（图 2-38），在事先掘出的区段四周界支巷或支巷尽头联巷内向顶板打预爆破眼，通过安装的定向聚能管对爆破能量定向引导，将 2～3m 厚的直接顶定向爆破出一条裂缝。一方面减少顶板向边界煤柱的应力传递作用，另一方面也减少了直接顶的悬顶步距。

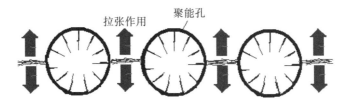

图 2-38　聚能爆破原理

按榆家梁现场条件，孔深取 2.5m，孔间距暂取 2.0m（具体值可视爆破效果适当调整），每孔装药结构及爆破效果如图 2-39 所示。

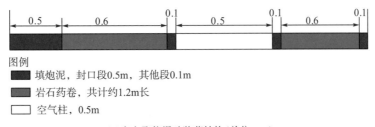

图例
■ 填炮泥，封口段0.5m，其他段0.1m
■ 岩石药卷，共计约1.2m长
□ 空气柱，0.5m

（a）定向聚能爆破装药结构（单位：m）

(b)爆破效果

图 2-39　聚能爆破技术参数与效果

2.3.4.2　强制放顶技术

回采过程中对直接顶板及时强制放顶的作用及效果，在前面相关部分已有较多的论述，不再一一赘述，这里仅以弹性地基梁的理论来说明强制放顶对煤壁的压力降低作用和采空区矸石垫层增高对冲击气浪的阻挡作用。

1. 对煤体压力的降低作用

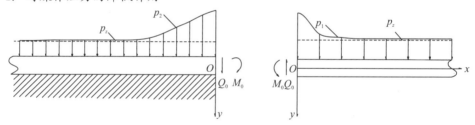

图 2-40　直接顶作用煤层上的弹性基础梁

图 2-40 为直接顶作用在煤壁上的力学分析模型，由理论计算可以得到煤壁前方的应力计算式

$$p_1 = p_z \left[1 + \sqrt{\frac{k_v}{k_s}} \, e^{\alpha x} \left(\frac{\alpha - \beta}{\alpha + \beta} \sin \alpha x + \cos \alpha x \right) \right] \qquad (2\text{-}4)$$

式中，p_z——覆盖层顶板压力；

k_v——煤层地基系数；

k_s——采空区底板地基系数；

$$\alpha = \sqrt[4]{\frac{k_v}{4EJ}}, \beta = \sqrt[4]{\frac{k_s}{4EJ}}$$

式中，E——上覆岩层弹性模量；

J——上覆岩层惯性矩。

煤层上的压力变化特征与变形相似，即最大值出现在煤壁处，最大压力由下式确定：

$$p = p_z(1 + \sqrt{\frac{k_v}{k_s}}) \qquad (2\text{-}5)$$

当对直接顶采用强制放顶后，采空区底板由原来的直接底变成了冒落的矸石，底板地基系数 k_s 增大，从而减少了直接作用在煤壁的压力。

2．对冲击气浪的阻挡作用

直接顶在采空区突然垮落时，会在空气中形成强大的冲击气流，为此可将冲击气流的形成用图 2-41 的模型来表示。

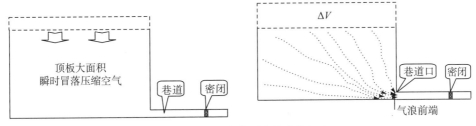

图 2-41　顶板垮落形成的冲击气流

由图 2-41 可见，当强制放顶冒落的矸石高度大于巷道高度时，即使有冲击作用，产生的冲击气流也不会直接涌向有作业人员的支巷或顺槽，而是更多的作用在尚未垮落的顶板岩层断裂面上，从而对人员和设备起到安全保护作用。

2.3.4.3　线性支架控顶技术

在采硐附近放置两台线性支架，对维护作业场所附近的顶板稳定至关重要，可使直接顶、基本顶断裂线移到支架外侧，岩层的运动不对后来环境造成直接的影响，如图 2-42 所示。

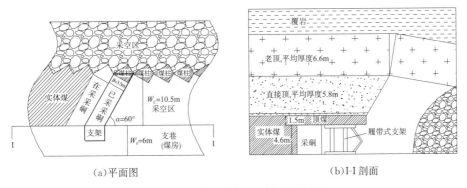

（a）平面图　　　　　　　　　　　　（b）I-I 剖面

图 2-42　支架支护面积计算原理图

2.3.4.4　严格控制应力极限回采面积

在设计回采区段参数时应严格控制极限回采面积，应力极限回采面积可以通过现场实测、理论计算分析来获得。例如，通过现场实测，榆家梁矿 42209 短壁连采工作面的应力极限回采面积可控制在 13000m² 以内作为一个独立的回采区段封闭，也即每个区段内保证基本顶完成初次来压和关键层的充分活动，岩层移动至地表为宜，如图 2-43 所示。

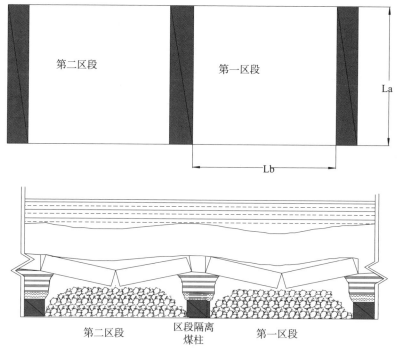

图 2-43 达到应力极限时的回采区段

2.3.5 回采率分析

原设计方案煤炭采出率为 76.19%（均为区段内的回采率，以下同），现设计方案的理论采出率为 91.03%。采出率提高约 15 百分点。增加途径主要体现在以下三个方面：

(1)将原来的三条平巷(一条进风，两条回风)改为两条平巷后，相比原方案可以多回采平巷至停采线之间的煤柱，多回采 2.14 万 t，增加回采率 8.76%。

(2)减少了区段之间的煤柱尺寸，新的方案取消了原设计方案中区段之间的三条 10m 保安煤柱，可以增加产量 1.41 万 t，增加回采率 5.77%。

(3)减少了区段内部的联络巷道，减少了联络巷道顶部 0.3m 厚度煤炭的损失。相比原方案可以多回采 0.0797 万 t，增加回采率为 0.33%。若按整个回采区域米考虑(包括留设的大巷煤柱、各种边界煤柱等)，则原方案的回收率为 54.48%，优化后为 64.88%，提高约 10 百分点，多采出煤炭约 3.5 万 t，按每吨煤产生利润 200 元计，共计可净增效益 700 余万元。

2.4 本章小结

(1)榆家梁矿顶板岩层分布属于薄基岩厚表土层类型，对回采工艺有直接影响的岩层范围是 4^{-2} 煤上方约 10m 厚的直接顶的断裂运动，其上基岩呈缓沉下沉运动形式，运动只对采动支承压力的传播起主导作用，对回采工艺的直接影响不大。

（2）按岩性、厚度分布，直接顶分组单独运动，组合运动情况如下：1.8m 泥岩首先离层，其次是 4.3m 的泥岩离层运动，最后是 3.69m 的细砂岩和 2.75m 的泥岩粉砂岩互层组合运动。以上三组组成连采工作面的直接顶范围，直接覆盖在煤层上的 1.8m 泥岩断裂冒落对回采工艺影响最大，要严格控制该层直接顶的悬顶和面积。

（3）将极限回采面积按两种情况来考虑。其一，当回采形状见方且边长达到最下层直接顶岩层的初次垮落步距时的面积是工艺极限回采面积，为 1500m²，对回采工艺的影响最大，因此在此之前必须采取强制放顶措施以减少悬顶面积，同时增加采空区矸石垫层，使主关键层的运动呈缓慢下沉运动形式；其二，当主关键层开始剧烈活动前的面积为应力极限回采面积。针对榆家梁矿的岩层条件，应力极限回采面积确定为 13000m² 是合适的。据此，试验区域第一区段由原来四条支巷改为八条支巷是合理的，共计安全回采 10839m²。

（4）基本顶达到初次垮落后的超前支承压力分布主要特征为：侧向应力集中系数约为2.1，走向为 3.4，侧向应力峰值位置在回采煤壁前方 5~8m，超前影响为 10~15m。

（5）在掌握上覆岩层运动规律的基础上，大胆提出了取消原 10m 的区段隔离煤柱，实现顶板全垮落走向连续推进无煤柱短壁连采；取消了一条中间联巷；改变支巷回采顺序，由原来的前进式改为顺序后退式，避免了支承压力的集中及对隔离煤柱的加剧破坏。

（6）摸索出了适合短壁连采顶板控制的主要技术途径：区段边界顶板聚能定向爆破预切顶、回采过程中对直接顶的强放、合理使用线性支架、严格控制应力极限回采面积。

（7）提高了区段回收率，试验区域回收率提高了 14 百分点。多采出煤炭 3.5 万 t，新增直接经济效益 700 余万元。

第3章　短壁连采顶板运动与极限面积理论计算

神东矿区中心区位于鄂尔多斯大型聚煤盆地的东北部,煤田开采规划区内地面广泛覆盖着现代风积沙及第四系黄土,主要含煤地层为中下侏罗统延安组($J_{1-2}y$),分布广泛,含煤丰富。煤层埋藏浅,平均地表以下70m左右即可见到煤层,在矿区西部边界,1^{-2}煤层距地表也仅150m左右,1^{-2}煤层与5^{-2}煤层间距大致为170m。

从区域地质构造分析,煤田位于鄂尔多斯向斜内次一级构造东胜台凸与陕北单斜翘曲交界处。中心区属于侏罗纪煤田,主要含煤地层延安组发育广泛,煤层主要是侏罗系黄绿色砂岩、泥岩与煤层的互层。煤系地层近似水平,微向南倾,分布稳定、构造不发育。其赋存特点是:浅埋深(大部分在100m左右)、薄基岩(最小仅1.4m)、厚松沙(在基岩之上为10~50m厚的风积沙)、富潜水(在松散层中有水柱高达10m的地下潜水)。

短壁连采技术自1995年开始使用,主要用于巷道掘进和边角煤以及各类煤柱的回收。目前已经形成了多种模式,其中全垮落法短壁连采技术由于其回采率高、安全隐患小,成为主要的短壁连采模式。但是,在实际的生产中仍存在着许多技术问题:①顶板的运动规律不清晰,无法正确预测顶板的来压情况;②不能较准确地预测采空区顶板垮落的极限面积,没有一套完整的理论对极限面积进行计算;③对煤柱内的应力状态认识不清楚,无法正确预测煤柱随推进的破坏状态。这些问题的解决首先要清楚短壁连采采场的覆岩结构,虽然神东矿区从总体上看是浅埋深、薄基岩、厚松散层覆岩结构,但是由于短壁连采区段尺寸小,其顶板运动受具体的小范围的覆岩结构影响,而一个具体的短壁采场覆岩结构就不一定是薄基岩厚松散层结构。因此,有必要首先对神东矿区短壁采场的覆岩结构进行分类,然后再研究其顶板运动规律,计算其极限悬顶面积,研发顶板控制技术和措施。

3.1　神东矿区短壁连采采场覆岩分类

为确定矿区的短壁连采顶板运动规律并进行分类,必须了解影响短壁连采模式的因素及目前矿区短壁工作面的特征参数。因此,对神东矿区的短壁工作面上覆岩层组成进行了现场统计,共7个矿7个工作面,统计结果见表3-1,各矿工作面地层柱状图如图3-1~图3-7所示。

短壁连采回采工作面(区段)的顶板控制方法和回采工作面(区段)的各参数主要决定指标是工作面上覆岩层结构。在区段边界有足够煤柱隔离条件下,区段四周的采动环境等因素对工作面顶板运动影响可以不考虑。工作面覆岩岩层结构主要是指组成工作面上覆岩层(松散层和基岩)总厚度、分层岩性和厚度以及强度组合。

神东矿区短壁工作面覆岩分两部分,一部分是松散层,一般由黄土、黏土和砂砾岩等组成,松散层的力学特性是黏结力小,强度低。各工作面松散层差别体现在厚度h_s上。

由于松散层黏结力小，作为回采工作面的压力源之一，其传递力的特性减弱，大多数情况下将其作为工作面静载荷，是影响短壁连采模式的主要因素之一。统计表明(表 3-1)，各矿的松散层厚度变化为 $h_s = 0 \sim 165\mathrm{m}$，共分 3 种类型，薄松散层(厚≤20m)、中厚松散层(厚 20~40m)和厚松散层(厚≥40m)。

表 3-1　神东矿区旺采工作面模式的特征指标和参数

工作面名称	覆岩特征			
	松散层	基岩	直接顶	煤厚
(1)榆家梁矿 44209 短壁连采区段	松散层厚度 42.8~165m，平均 58m	平均厚度 18.13m	泥岩 6.1m，分为上下两层	平均 3.89m
(2)上湾矿 51203CL 短壁开采区段	风积沙厚度 0~15m，平均 8.3m	厚度 50~85m	砂质泥岩或粉砂岩，平均厚度为 9.1m	平均 4.5m
(3)大柳塔 2⁻² 煤 12406-3 切眼外侧煤柱短壁连采试验区段	黄土、黏土和沙砾等，平均厚 83.49m	平均厚度 44.68m	①2.8m 粉砂岩 ②2.45m 细砂岩	平均 4.53m
(4)哈拉沟矿西翼集中巷 2⁻² 煤第 8 开采块段短壁连采试验区	风积砂厚度 0~10m	厚度 68~100m	5.8m 粉砂岩	平均 6.1m
(5)补连塔 32206 短壁连采区段	松散层厚度 30~45m，平均 34.4m	厚度 25~75m	3~5m，砂质泥岩，砂泥 3.05m	6.4~6.5m
(6)乌兰木伦 61204 短壁连采区段	松散层厚度 10~15m	厚度 55~73m	4.4~13.1 灰色砂质泥岩	2.5~5.5m
(7)石圪台 71ᴸ103 短壁连采区段	松散层厚度 5~15m	厚度 41.6~53.6m	1.5~3m 粉砂岩	1.5~2.3m

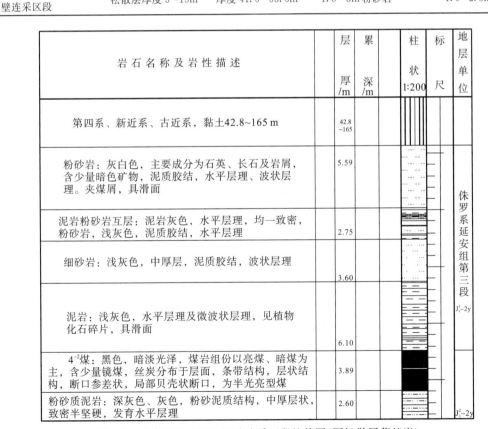

岩石名称及岩性描述	层厚/m	累深/m	柱状 1:200	标尺	地层单位
第四系、新近系、古近系，黏土42.8~165 m	42.8~165				
粉砂岩：灰白色，主要成分为石英、长石及岩屑，含少量暗色矿物，泥质胶结，水平层理、波状层理。夹煤屑，具滑面	5.59				
泥岩粉砂岩互层：泥岩灰色，水平层理，均一致密，粉砂岩，浅灰色，泥质胶结，水平层理	2.75				
细砂岩：浅灰色，中厚层，泥质胶结，波状层理	3.60				
泥岩：浅灰色，水平层理及微波状层理，见植物化石碎片，具滑面	6.10				
4⁻²煤：黑色，暗淡光泽，煤岩组份以亮煤、暗煤为主，含少量镜煤，丝炭分布于层面，条带结构，层状结构，断口参差状，局部贝壳状断口，为半光亮型煤	3.89				
粉砂质泥岩：深灰色、灰色，粉砂泥质结构，中厚层状，致密半坚硬，发育水平层理	2.60				

图 3-1　榆家梁矿 44209 短壁连采区段柱状图(厚松散层薄基岩)

岩石名称	岩性描述	采取率/%	岩心采长/m	层厚/m	累深/m	柱状
风积砂	浅黄色，主要由细砂和粉砂组成，极松散	50	0.30	0.60	0.60	
砂质泥岩	锈黄色及灰黄色，以泥质黏土质为主，约含25%的粉砂质，上部严重风化，下部风化较轻，岩性松软	75	5.70	7.60	8.20	
泥岩	绿灰色，以泥质为主，参差状断口，团块状构造	100	3.50	3.50	11.70	
粉砂岩	绿灰色，石英、长石为主，泥质胶结，中部夹绿灰色泥岩薄层	78	18.30	23.58	35.28	
中粒砂岩	灰白色，石英为主，长石次之，分选差，次棱角状，孔隙式，泥质胶结	83	7.80	9.45	44.73	
泥岩	灰色及绿灰色，平坦断口，泥质结构，块状构造	86	4.10	4.76	49.49	
细粒砂岩	灰色及灰白色，石英为主，长石次之，分选较差，次棱角状	77	9.60	12.42	61.91	
粗粒砂岩	灰白色，石英为主，长石次之，分选较差，次棱角状，接触式孔隙式泥质胶结	79	7.10	8.97	77.49	
泥岩	黑灰色，平坦断口，致密，块状	93	2.50	2.68	80.17	
粉砂岩	灰色及灰白色，石英，长石为主，含少量云母及黄铁矿结核，底部夹0.50m灰黑色泥岩	87	1.30	1.50	81.67	
1^{-2}上煤	黑色，似沥青光泽，似暗煤为主，少量亮煤和镜煤，属半暗型及暗淡型煤。0.65(0.04)0.28(0.23)0.55	91	1.60	1.75	83.42	
砂质泥岩	砂质泥岩、煤；暗灰色，以泥质及黏土质为主，约含20%的粉砂质。在85.58m处夹0.20m的煤。87.00m处为0.68m的煤	54	2.73	5.07	88.49	
1^{-2}中煤	黑色，似沥青光泽，以暗煤为主，次为亮煤，属半暗型煤，局部为暗型煤	93	1.87	2.01	90.50	
泥岩	黑灰色，平坦断口，泥质结构，致密，块状，98.53m处为0.32m的煤	93	9.95	10.72	101.22	

图 3-2　上湾旺采试验区北翼柱状图（薄松散层厚基岩）

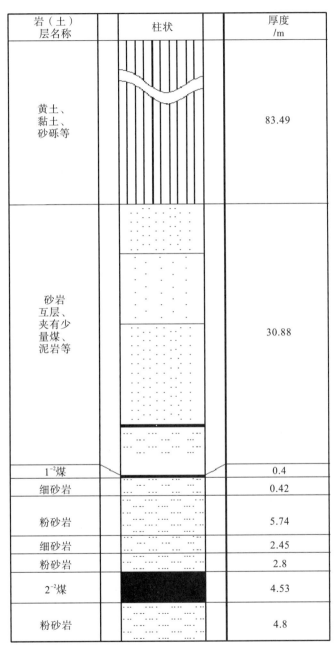

岩（土）层名称		柱状		厚度/m
黄土、黏土、砂砾等				83.49
砂岩互层、夹有少量煤、泥岩等				30.88
1⁻²煤				0.4
细砂岩				0.42
粉砂岩				5.74
细砂岩				2.45
粉砂岩				2.8
2⁻²煤				4.53
粉砂岩				4.8

图 3-3　大柳塔矿 12406-3 旺采试验区柱状图（厚松散层厚基岩）

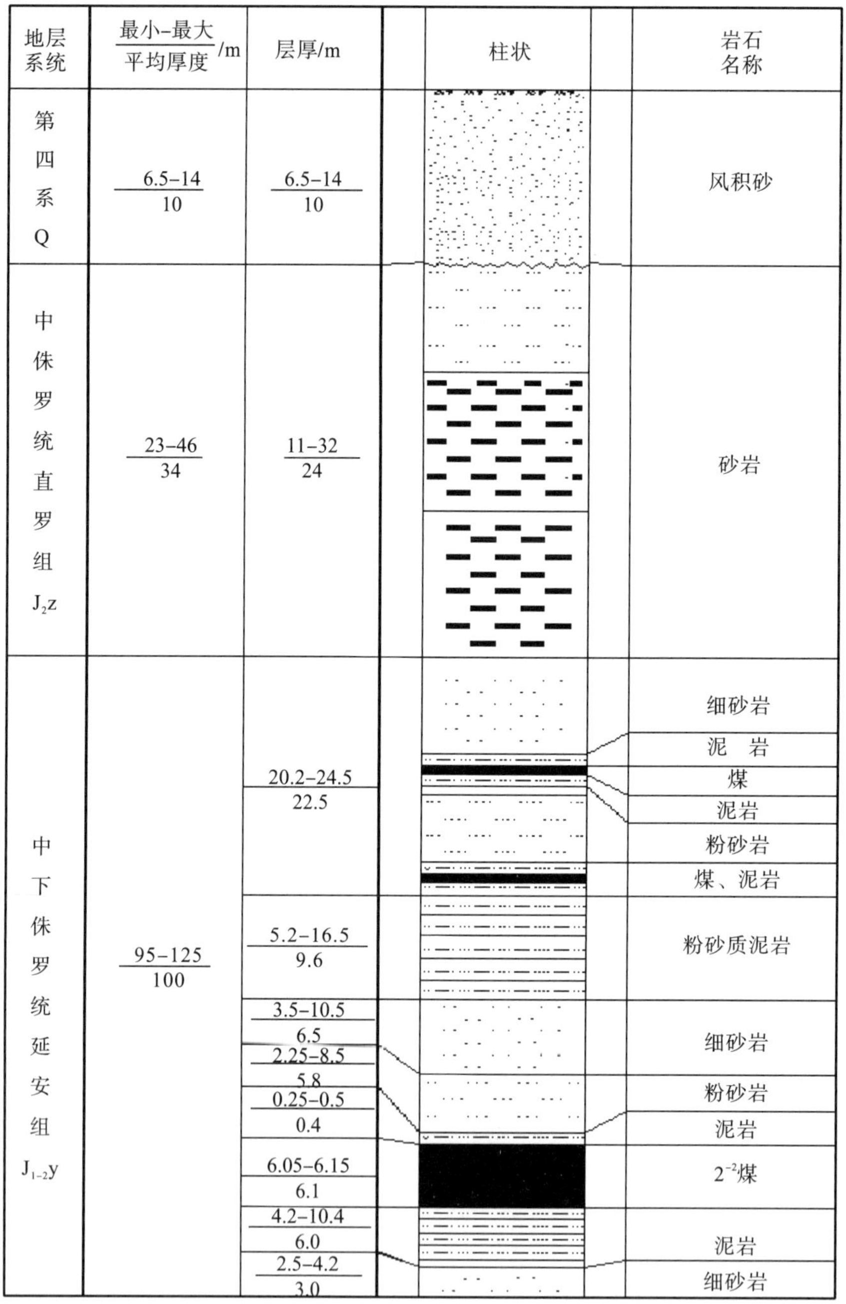

地层系统	$\dfrac{\text{最小-最大}}{\text{平均厚度}}$/m	层厚/m	柱状	岩石名称
第四系 Q	$\dfrac{6.5-14}{10}$	$\dfrac{6.5-14}{10}$		风积砂
中侏罗统直罗组 J_2z	$\dfrac{23-46}{34}$	$\dfrac{11-32}{24}$		砂岩
中下侏罗统延安组 $J_{1-2}y$	$\dfrac{95-125}{100}$	$\dfrac{20.2-24.5}{22.5}$		细砂岩
				泥岩
				煤
				泥岩
				粉砂岩
				煤、泥岩
		$\dfrac{5.2-16.5}{9.6}$		粉砂质泥岩
		$\dfrac{3.5-10.5}{6.5}$		细砂岩
		$\dfrac{2.25-8.5}{5.8}$		粉砂岩
		$\dfrac{0.25-0.5}{0.4}$		泥岩
		$\dfrac{6.05-6.15}{6.1}$		2^{-2}煤
		$\dfrac{4.2-10.4}{6.0}$		泥岩
		$\dfrac{2.5-4.2}{3.0}$		细砂岩

图 3-4　哈拉沟矿旺采试验区域柱状图(薄松散层厚基岩)

岩石 名称	岩 性 描 述	层厚 /m	埋深 /m	柱状
黄土	表土：黄色，极松散，为风积沙层，底部含少量砾石	34.12	34.12	
1⁻²煤	风化煤：灰黑色，粉末状，弱光泽，染手	0.75	34.87	
砂质 泥岩	深灰色，致密，厚层状，参差断口，含植物化石碎片及云 母碎屑，中夹一层1m的粉砂岩	5.90	40.77	
1⁻²下煤	黑色，溺沥青光泽，碎块状，半亮煤，结构：0.16(0.2)0.2	0.56	41.33	
砂质 泥岩	深灰色，致密，厚层状，参差断口，含云母碎屑及植物 化石残片，砂质泥岩中夹有厚0.4m的粉砂岩	8.99	50.32	
中粒 砂岩	灰白色，石英为主，长石次之，分选好，次园状，孔隙式泥 质胶结，上部有层厚1.5m的粉砂岩	4.04	54.36	
粗料 砂岩	灰白色，石英为主，长石次之，分选差，孔隙式泥质胶结， 含暗色矿物质，下部有一层厚0.8m的中砂岩	7.75	62.11	
粉砂岩	灰白色，泥质胶结，块状构造，含云母碎屑及植物化石残片， 略有交错斜层理	3.13	65.24	
砂质 泥质	深灰色，致密，厚层状，参差断口，含云母碎屑及植物 化石残片	3.05	68.29	
2⁻²煤	黑色，沥青光泽，细条带结构，亮煤组分为主。碎块状， 星点分布黄铁矿，参差状断口，局部贝壳状断口，结构： 4.55(0.2)(0.6)0.75	6.10	74.39	
砂质 泥岩	深灰色，致官，中厚层状，斜层理，平坦断口，含云母 碎屑，植物化石碎片，局部黏土质富集，下部含粉砂质 不均匀，略显薄水平层理	26.71	101.10	
粉砂岩	灰白色，泥质胶结，块状构造，含炭化植物化石及云 母碎屑，黏土质富集	1.95	103.05	

图 3-5　补连塔二盘区旺采工作面柱状图（中厚松散层厚基岩）

地层单位	最小—最大 平均厚度 /m	层厚 /m	累厚 /m	柱状	岩性描述
Q	$\dfrac{10.0-14.93}{11.6}$	11.6	11.6		第四系风成砂，土黄色，无胶结，呈松散状
J₁₋₂y	$\dfrac{7.8-23.0}{15.1}$	15.1	26.7		褐黄色砂岩：中粒砂状结构，块状构造，泥质胶结，碎屑成分为石英、长石及少量暗色矿物，分选磨圆中等
	$\dfrac{17.8-35.2}{26.1}$	26.1	52.8		灰绿色泥质粉砂岩：泥质粉沙状结构，块状构造，局部夹有薄层砂岩，偶见暗色炭线
	$\dfrac{10.5-23.3}{18.5}$	13.5	66.3		中砂岩:灰白色，中粒砂状结构，块状构造，碎屑成分以石英、长石为主，白云母、黑云母及暗色矿物少量，泥质胶结
	$\dfrac{4.4-13.1}{8.5}$	8.5	74.8		灰色砂质泥岩:泥质粉砂结构或粉砂质泥结构，块层状构造，水平层理，泥质胶结。局部含植物残片化石
	$\dfrac{2.5-5.5}{4.0}$	4.0	1⁻²煤		1⁻²煤：暗淡型-亮型煤均有，条带状结构，块层状构造，棱角状、阶梯状断口，内生裂隙较发育，裂隙面含星点状黄铁矿
	$\dfrac{8.4-11.5}{10.5}$	10.5			粉砂岩：泥质粉砂状结构，层状构造，成分以粉砂质为主，泥质成分次之，水平及波状层理，钙质胶结，见有植物叶片化石
	$\dfrac{8.5-29.0}{19.0}$	19.0			细砂岩：灰白色，细粒砂状结构，水平层理，钙质胶结，碎屑成分以石英、长石为主，次之为暗色矿物少量

图 3-6　乌兰木伦 61204 旺采面柱状图（薄松散层厚基岩）

岩石名称	岩 性 描 述	层厚/m	累深/m	柱状
流沙		2.89	2.89	
黄土		1.50	4.39	
粉砂岩	黄绿色，夹细粒砂岩薄层，小裂隙	16.56	20.95	
中粒砂岩	黄绿色，成分以石英为主，长石及暗色矿物次之，分选性及磨圆度均差，钙质胶结，块状层理	8.98	29.93	
砂质泥岩	灰色，含少量炭屑，具水平层理	1.36	31.29	
无号1		0.55	31.84	
细粒砂岩	浅灰色，成分以石英为主，长石次之，富含炭屑，泥质胶结，夹粉砂岩薄层，交错层理	1.15	32.99	
粉砂岩	灰色，水平层理，夹泥岩薄层，含少量植物茎杆化石	4.25	37.24	
1⁻¹煤	宏观煤岩类型：0.15（半亮型）0.35（半暗型）0.10（半亮型）0.20（半暗型）0.65（泥岩）0.10（煤）0.09（泥岩）0.30（煤）夹矸为泥岩	1.94	39.18	
泥岩	灰色，水平层理，富含炭屑，夹镜煤条带及细粒砂岩薄层	1.79	40.97	
砂质泥岩	灰色，具波状层理及水平层理，含少量炭屑	3.04	44.01	
粉砂岩	灰色夹煤线及镜煤条带，含少量植物碎片化石与细泣砂岩呈互层状	6.43	50.44	
细粒砂岩	浅灰色，成分以石英为主，长石及暗色矿物次之，泥质胶结，夹粉砂岩薄层及煤线	5.54	55.98	

图 3-7　石圪台 71⁺ 103 旺采旺采面柱状图（薄松散层中厚基岩）

第二部分是成层性较好，黏结力和强度较大的沉积基岩，其厚度用 h_j 表示。基岩作为回采工作面顶板压力的另一力源，具有传递力和直接作用在工作面的双重作用，即具有静载荷和传递力介质的双重作用，它是工作面矿山压力的主要力源。在模式分类中，基岩厚度作为另一影响指标。统计表明(表 3-1)，各矿的基岩厚度变化为 h_j＝25～120m，共分 3 种类型：薄基岩(厚≤20m)、中厚基岩(厚 20～40m)和厚基岩(厚≥40m)。

根据神东矿区短壁连采的煤层覆岩特征参数，将上覆地层分为薄基岩厚表土层、薄表土层厚基岩、厚表土层厚基岩三类。依据关键层理论，可将神东矿区短壁连采煤层的覆岩结构分为单一复合关键层结构(一般为厚冲积层薄基岩)，二是多层关键层结构(薄冲积层厚基岩、厚冲积层厚基岩)。

3.1.1　单一复合关键层结构——厚冲积层薄基岩

从上覆地层组成来看，该类地层基岩层较薄，一般小于 20m，冲积层较厚，一般在40m 以上，如图 3-8 所示。薄基岩层由 4 层左右的岩层组成，直接顶厚度较小或者强度较低，开采时容易和基本顶之间发生离层。基本顶为第一层关键层，基本顶上方为软弱岩层，软弱岩层上方的坚硬岩层为第二层关键层。如果基本顶的极限悬顶面积大于等于第二关键层的悬顶面积时，此时基本顶、软弱岩层和第二层关键层将共同运动，之间不再发生离层，从而组成单一组合关键层，此覆岩结构为单一复合关键层结构。

冲积层厚度大，对组合关键层施加了较大的荷载，使得组合关键层的断裂步距较小，极限悬顶面积也较低，一般在 6000m² 以上。但此时，组合关键层一旦失稳，将导致其上覆表土层全部垮落，直到地表，来压强度大，冲击危险性高。

如果单一关键层结构下的直接顶厚度大，且比较坚硬，则可能形成直接顶，与已有的组合关键层形成新的单一组合岩层结构，此时上覆岩层极限悬顶面积将增大，一般为8000m² 左右，一次垮落厚度将更大，来压强度更高，冲击危害最大。

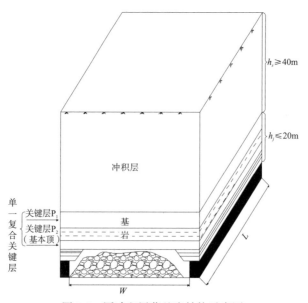

图 3-8　厚冲积层薄基岩结构示意图

3.1.2　多层关键层结构——薄冲积层厚基岩

多层关键层结构是指开采煤层上方有多层关键层，基本顶为亚关键层，如图 3-9 所示。厚基岩薄冲积层一般为多层关键层结构。由于冲积层薄，对基岩的荷载小，则基岩较难断裂。而且基岩厚度大，承载能力强，也不宜断裂。此类关键层结构，极限垮落步距和面积较大，基本顶一般在 12000m² 以上，关键层则可达 20000m² 以上，在进行短壁连采时，地表一般不发生沉降。

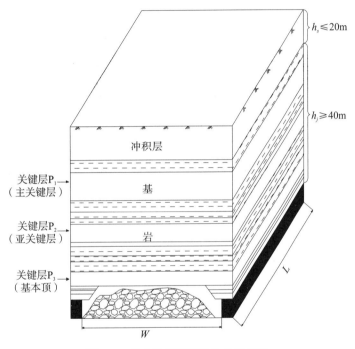

图 3-9　薄冲积层厚基岩结构示意图

3.1.3　含有复合关键层的多层关键层结构——厚冲积层厚基岩

在多层关键层结构中，如果上覆表土层的厚度大，则其对第一层关键层的荷载将增大，从而使得第一层关键层的极限悬顶面积减少，如图 3-10 所示。当其极限悬顶面积小于第二层关键层时，此时第一层、第二层关键层及其中间岩层组成一个组合关键层。该组合关键层的悬顶面积大于其下方关键层的极限悬顶面积时，组合关键层为主关键层，其下方的关键层为亚关键层，从而形成含有复合关键层的多层关键层结构。

对于厚表土层厚基岩结构也有可能形成单一复合关键层结构。假设覆岩中有三层关键层结构，如果第一、第二关键层形成的复合关键层的极限悬顶面积小于下方关键层时，已有的关键层将和下方关键层组合成一个厚度更大的复合关键层，此时整个覆岩中将形成单一复合关键层结构。

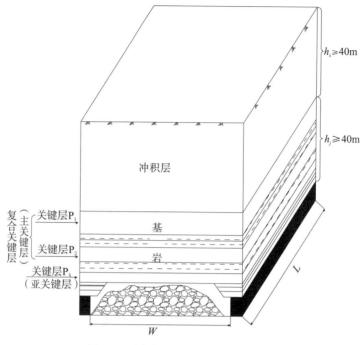

图 3-10　厚冲积层厚基岩结构示意图

3.2　短壁连采采场的关键层判别

对于长壁采场，工作面推进方向的长度远大于工作面的宽度，因此可以将关键层简化为梁结构，根据关键层承受的荷载和极限垮落步距来判断关键层位置以及主关键层和亚关键层。

1. 变形条件

根据关键层定义和变形特征，关键层下沉变形时，其上覆全部或局部岩层的下沉同步协调，而其下部岩层变形不与之协调变形。

如果第 1 层为关键层，其控制范围为第 n 层，第 $n+1$ 层为第二层关键层，则

$$q_{n+1} < q_n \tag{3-1}$$

式中，q_n 为第 1 层岩石所受的载荷（从第 1 层到第 n 层）。

2. 强度条件

下层硬岩层的破断步距小于上层硬岩层，即

$$l_j < l_{j+1}(j = 1, \cdots, k) \tag{3-2}$$

若第 j 层不满足式(3-2)，则应将第 $j+1$ 层岩层所控制全部岩层荷载作用到第 k 层上，重新计算第 k 层硬岩层的破断步距后再继续判别。

按照式(3-2)，由下向上逐层判别，最终确定所有关键层的位置。

短壁连采范围小，长度和宽度相差不大，不适合采用梁理论计算荷载和垮落步距，应选用板理论进行计算。同时，短壁开采时关键层不一定垮落，因此不适合用垮落步距进行计算。

为此，采用弹性板的理论进行关键层承受荷载和极限悬顶步距（或极限悬顶面积）的计算，并进行关键层的位置判断。

3.2.1　短壁连采采场的关键层位置判别

以短壁连采的一个区段为例，区段长度为 L，区段宽度为 W，高度为从开采煤层到地面的厚度 H，假设自下而上共有 m 层上覆岩层，第 i 层岩层厚度为 h_i，密度为 ρ_i，弹性模量为 E_i，泊松比 μ_i，抗拉强度 σ_i，弯曲刚度 $D_i = E_i h_i^3 / [12(1-\mu_i^2)]$。以该岩层为研究对象建立基本方程，在岩层中面（平分厚度的位置）上建立坐标系（图 3-11）。根据岩体的力学性质，在横向荷载作用下，弹性弯曲变形远小于它的厚度，符合弹性薄板的基本要求，可使用弹性薄板的基本假设。

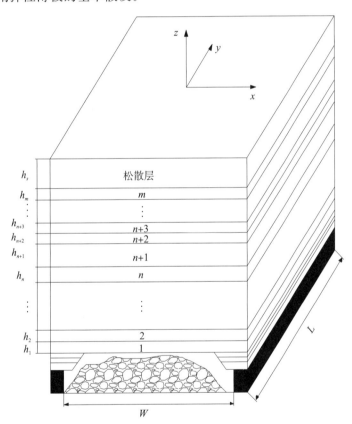

图 3-11　全垮落法短壁连采采场上覆岩层结构

根据弹性薄板的平衡方程、几何方程、物理方程及边界条件，可得薄板挠曲面方程为

$$w_i = Cq_i / D_i \tag{3-3}$$

式中，w_i——第 i 层岩板的下沉量（m）；

$\quad\quad q_i$——第 i 层岩板所受载荷（Pa）；

$\quad\quad C$——由不同边界条件确定的系数，并与工作面推进距离及长度有关；

$\quad\quad D_i$——第 i 层岩板的弯曲刚度，$D_i = \dfrac{E_i h_i^3}{12(1-\mu_i^2)}$。

3.2.1.1 变形协调条件

根据关键层定义和变形特征,关键层下沉变形时,其上覆全部或局部岩层的下沉同步协调,而其下部岩层变形不与之协调变形。设采场上覆的 m 层岩层中,有2层厚而坚硬的岩层,第1层直接覆盖于直接顶之上,第2层位于第 n 层岩层之上。在第 m 层岩层上方覆盖着地表松散层(即 $m+1$ 层),以载荷 q 的形式作用在第 m 层岩层上。如第1层岩层为坚硬岩层与所控制的上覆 $2\sim n$ 层岩层同步协调运动,形成组合岩板,为保持各岩层下沉时不出现离层,各岩层下沉变形应相等,于是有 $w_1 = w_2 = \cdots = w_n$。

由此可得,上覆岩层载荷关系为

$$q_1 = D_1 q_1 / D_1, \cdots, q_n = D_n q_1 / D_1 \tag{3-4}$$

将 D_i 代入上述公式可得关键层破断前的载荷为

$$q_1 = D_1 \sum_{i=1}^{n} q_i / \sum_{i=1}^{n} D_i = \frac{E_1 h_1^3}{1-\mu_1^2} \sum_{i=1}^{n} \rho_i g h_i / \sum_{i=1}^{n} \frac{E_i h_i^3}{1-\mu_i^2} \tag{3-5}$$

式中, $\sum\limits_{i=1}^{n} q_i$ ——岩层承担载荷之和(MPa), $\sum\limits_{i=1}^{n} q_i = \sum\limits_{i=1}^{n} \rho_i g h_i$。

同理,当第 $n+1$ 层为硬岩层时,根据其与所控制的上覆$(n+2)\sim m$ 层岩层间的载荷关系得该层载荷为

$$q_{n+1} = \frac{E_{n+1} h_{n+1}^3}{1-\mu_{n+1}^2} \Big[\rho_{m+1} g h_{m+1} + \sum_{i=n+1}^{m} \rho_i g h_i \Big] / \sum_{i=n+1}^{m} \frac{E_i h_i^3}{1-\mu_i^2} \tag{3-6}$$

如果第1层为关键层,其控制范围为第 n 层,第 $n+1$ 层为第二层关键层,则 $q_{n+1} < q_n$,则可得关键层的变形条件为

$$\frac{\dfrac{E_{n+1} h_{n+1}^3}{1-\mu_{n+1}^2}}{\dfrac{E_1 h_1^3}{1-\mu_1^2}} \cdot \frac{\sum\limits_{i=1}^{n} \dfrac{E_i h_i^3}{1-\mu_i^2}}{\sum\limits_{i=n+1}^{m} \dfrac{E_i h_i^3}{1-\mu_i^2}} \cdot \frac{\Big(\rho_{m+1} g h_{m+1} + \sum\limits_{i=n+1}^{m} \rho_i g h_i\Big)}{\sum\limits_{i=1}^{n} \rho_1 g h_i} < 1 \tag{3-7}$$

3.2.1.2 强度条件

假设 $q_{n+1} < q_n$,第1层和第 $n+1$ 层的极限悬顶距在宽度均为 b 的条件下,分别为 L_1 和 L_{n+1},极限悬顶面积为 S_1 和 S_{n+1},考虑到上覆岩层破断的几何形态特征,则关键层的强度判别条件为下层硬岩层的极限悬顶面积小于上层硬岩层的。

$$S_1 < S_{n+1}(j = 1, \cdots, k) \tag{3-8}$$

若第 $n+1$ 层不满足式(3-2),则应将第 $n+1$ 层岩层所控制全部岩层荷载作用到第1层上,重新计算第1层硬岩层的极限悬顶面积后再继续判别。

下面计算关键层的极限悬顶面积。

在四周固支条件下,硬岩层处于极限悬露状态时,最大主弯矩 M_a 出现在长边中部,根据 Marcus 修正解可得

$$|M_a| = \frac{q a^2 (1-\mu^2)(1+\mu\lambda^2)}{12(1+\lambda^4)} \tag{3-9}$$

式中, M_a ——最大主弯矩;

q ——硬岩层承受的载荷(包括自重在内);

　　a ——工作面推进距离，极限悬顶距；

　　b——工作面宽度；

　　μ——硬岩层的泊松比；

　　λ——采空区几何形状系数，$\lambda = a/b$，

由 $M_a = h^2 \sigma_t / 6$，可得硬岩层初次破断的关系式为

$$a = \frac{h}{\sqrt{1 - \mu^2}} \sqrt{\frac{2\sigma_t(1 + \lambda^4)}{q(1 + \mu\lambda^2)}} \tag{3-10}$$

式中，h——硬岩层的厚度；

　　σ_t——硬岩层的抗拉强度。

四周固支无限长板条的极限跨距 l_m 的公式如下：

$$l_m = \frac{h}{\sqrt{1 - \mu^2}} \sqrt{\frac{2\sigma_t}{q}} \tag{3-11}$$

式中，l_m——四周固支无限长板条的极限跨距，称为硬岩层的步距准数。

将 $\lambda = a/b$ 和式(3-11)代入式(3-10)，解得关键层的极限悬顶距 a 如下：

$$a = \begin{cases} b\sqrt{\dfrac{\sqrt{\mu^2 b^4 + 4l_m^2(b^2 - l_m^2)} - \mu b^2}{2(b^2 - l_m^2)}} & \left(l_m < b < \sqrt{\dfrac{2}{1 + \mu}} l_m\right) \\[4mm] b\sqrt{\dfrac{b^2 - \sqrt{b^4 - 4l_m^2(l_m^2 - \mu b^2)}}{2(l_m^2 - \mu b^2)}} & \left(b \geqslant \sqrt{\dfrac{2}{1 + \mu}} l_m\right) \end{cases} \tag{3-12}$$

当 $b < l_m$ 时，煤层上方硬岩层稳定不垮落；当 $b > 3l_m$ 时，硬岩层的破断距就趋近于步距准数，即工作面的宽度对破断距的大小影响很小，所以如果工作面的宽度足够大，可以不用考虑工作面宽度对硬岩层破断距的影响，梁模型就可以取代薄板模型。

极限悬顶面积 $S = a \times b$，从而可得关键层极限悬顶面积 S 如下：

$$S = \begin{cases} b^2\sqrt{\dfrac{\sqrt{\mu^2 b^4 + 4l_m^2(b^2 - l_m^2)} - \mu b^2}{2(b^2 - l_m^2)}} & \left(l_m < b < \sqrt{\dfrac{2}{1 + \mu}} l_m\right) \\[4mm] b^2\sqrt{\dfrac{b^2 - \sqrt{b^4 - 4l_m^2(l_m^2 - \mu b^2)}}{2(l_m^2 - \mu b^2)}} & \left(b \geqslant \sqrt{\dfrac{2}{1 + \mu}} l_m\right) \end{cases} \tag{3-13}$$

根据公式(3-7)、式(3-13)，由下向上逐层判别，最终确定所有关键层的位置。

上述关键层判别方法可用于单一关键层结构、多层关键层结构时的关键层位置的判别以及极限悬顶面积的计算。

3.2.2　短壁采场单一组合关键层结构形成条件、判别以及载荷和极限面积

3.2.2.1　单一组合关键层结构的形成和判断

对于多层关键层的地层，当上方关键层的载荷不断增加，例如，松散冲积层的厚度越大，作用在基岩上的载荷越大，上方关键层极限悬顶面积会不断减少，会出现少于等于下方关键层的情形。此时，如果这两层关键层间距较小，会形成单一组合关键层。因

此，神东矿区浅埋煤层覆岩将随着松散冲积层的厚度、基岩厚度及相邻硬岩层的厚度与强度而发生变化，覆岩结构会在单一组合关键层、多层关键层之间变化。

对于单一组合关键层，其判别条件为

$$\begin{cases} \dfrac{q_{n+1}}{q_1} > 1 \\[2mm] \dfrac{S_{n+1}}{S_1} \leqslant 1 \end{cases} \tag{3-14}$$

式中，q_1、S_1——第1层关键层承受载荷、极限悬顶面积；

q_{n+1}、S_{n+1}——第2层关键层（$n+1$ 层岩层）承受载荷、极限悬顶面积。

满足公式（3-12）时，则第1层关键层和第2层关键层（$n+1$ 层岩层）共同组成单一组合关键层。单一组合关键层内部各岩层将同步运动，各岩层的垂直位移和垮落步距也都是一样的。

3.2.2.2　单一组合关键层的承受载荷和极限面积

单一组合关键层由两层关键层及其中间岩层组成，按照相应的组合板理论进行计算。

假设第1层关键层上方有 $n-1$ 层较软岩层，第2层关键层为第 $n+1$ 层岩层，则第二层关键层上方的岩层载荷均传递到第1层关键层，而且第1层、第2层关键层组成单一复合关键层。该组合关键层上方有 $m-1$ 层较软岩层、1层表土层。则该组合关键层承受的载荷为

$$q_z = \frac{E_z h_z{}^3}{1-\mu_z{}^2}\left(\sum_{i=z}^{m}\rho_i g h_i + q_s\right)\Big/ \sum_{i=z}^{m}\frac{E_i h_i^3}{1-\mu_i^2} \tag{3-15}$$

式中，q_z——组合关键层承受的载荷；

E_z——组合关键层的弹性模量；

μ_z——组合关键层的泊松比；

h_z——组合关键层的厚度；

E_i——第 i 层岩层的弹性模量；

μ_i——第 i 层岩层的泊松比；

h_i——第 i 层岩层的厚度；

q_s——表土层的载荷，即表土层自身的重量。

当 $m=z$ 时，即 $m=1$，此时组合关键层上方就是表土层，载荷为 $q_z = \sum\limits_{i=z}^{m}\rho_i g h_i + q_s$。

下面将组合关键层等效为一层均匀较厚的岩层，其等效弹性模量、密度、厚度、等效惯性矩、弯曲刚度、泊松比分别为 E_z、ρ_z、h_z、I_z、D_z、μ_z。以三层岩层为例计算，岩层数目增加可以进行类推，即

$$h_z = h_1 + h_2 + h_3 \tag{3-16}$$

$$I_z = \frac{(h_1 + h_2 + h_3)^3}{12} \tag{3-17}$$

$$\frac{E_z}{1-\mu_z{}^2} = \frac{\dfrac{E_1}{1-\mu_1{}^2}I_1 + \dfrac{E_2}{1-\mu_2{}^2}I_2 + \dfrac{E_3}{1-\mu_3{}^2}I_3}{I_z} \tag{3-18}$$

$$D_z = D_1 + D_2 + D_3 \tag{3-19}$$

$$\rho_z = \frac{\rho_1 h_1 + \rho_2 h_2 + \rho_3 h_3}{h_3} \tag{3-20}$$

其极限悬顶步距的推导和关键层的推导相同，根据公式(3-11)、(3-12)、(3-13)可得宽度为 b 时的单一组合关键层的极限悬顶距 a_z、极限悬顶面积 S_z。

$$a_z = \begin{cases} b\sqrt{\dfrac{\sqrt{{\mu_z}^2 b^4 + 4 l_{mz}^2 (b^2 - l_{mz}^2)} - \mu_z b^2}{2(b^2 - l_{mz}^2)}} & \left(l_{mz} < b < \sqrt{\dfrac{2}{1+\mu_z}} l_{mz}\right) \\[4mm] b\sqrt{\dfrac{b^2 - \sqrt{b^4 - 4 l_{mz}^2 (l_{mz}^2 - \mu_z b^2)}}{2(l_{mz}^2 - \mu_z b^2)}} & \left(b \geqslant \sqrt{\dfrac{2}{1+\mu_z}} l_{mz}\right) \end{cases} \tag{3-21}$$

$$S_z = \begin{cases} b^2 \sqrt{\dfrac{\sqrt{{\mu_z}^2 b^4 + 4 l_{mz}^2 (b^2 - l_{mz}^2)} - \mu_z b^2}{2(b^2 - l_{mz}^2)}} & \left(l_{mz} < b < \sqrt{\dfrac{2}{1+\mu_z}} l_{mz}\right) \\[4mm] b^2 \sqrt{\dfrac{b^2 - \sqrt{b^4 - 4 l_{mz}^2 (l_{mz}^2 - \mu_z b^2)}}{2(l_{mz}^2 - \mu_z b^2)}} & \left(b \geqslant \sqrt{\dfrac{2}{1+\mu_z}} l_{mz}\right) \end{cases} \tag{3-22}$$

式中，l_{mz}——四周固支无限长组合板条的极限跨距，$l_{mz} = \dfrac{h}{\sqrt{1 - \mu_z^2}} \sqrt{\dfrac{2\sigma_{tz}}{q_z}}$；

　　μ_z——组合关键层的泊松比，组合后关键层的刚度增加，泊松比有所降低，为了简化计算，近似取其等于组合关键层中各岩层的最小泊松比；

　　σ_{tz}——组合关键层的抗拉强度，取其等于组合关键层中各岩层的最大抗拉强度。

3.2.3　含有复合关键层的多层关键层判别

在多层关键层结构中，如果上覆表土层的厚度大，则其对第 1 层关键层的载荷将增大，从而使得第 1 层关键层的极限悬顶面积减少。当其极限悬顶面积小于第 2 层关键层时，此时第 1 层、第 2 层关键层及其中间岩层组成一个组合关键层。该组合关键层的悬顶面积大于其下方关键层的极限悬顶面积时，组合关键层为主关键层，其下方的关键层为亚关键层，从而形成含有复合关键层的多层关键层结构。

含有复合关键层的多层关键层覆岩结构的判别方法及各个关键层的计算方法和前面介绍的单一组合关键层结构及一般关键层结构的计算方法相同，不再赘述。

对于厚冲积层厚基岩结构也有可能形成单一复合关键层结构。假设覆岩中有三层关键层结构，如果第 1、第 2 关键层形成的复合关键层的极限悬顶面积小于下方关键层时，已有的关键层将和下方关键层组合成一个厚度更大的复合关键层，此时整个覆岩中将形成一个单一复合关键层结构。

可以看出，神东矿区短壁采场浅埋煤层覆岩的结构总共有三种：单一复合关键层结构，含有复合关键层的多层关键层结构和多层单一关键层结构，具体会形成哪种关键层结构，要利用本书中介绍的短壁采场关键层判别方法进行判断。关键层结构的类型主要取决于表土层厚度、基岩厚度(硬岩层及其所控软岩层的厚度)、不同硬岩层的厚度、抗拉强度、弹性模量及泊松比。

3.3　单一复合关键层(两关键层)结构顶板运动及控制

由两层关键层(其中一层为基本顶)组成的单一复合关键层结构一般存在于厚冲积层薄基岩地层中。此类短壁采场的顶板包括直接顶、基本顶(即单一组合关键层),基本顶上方的冲积层可简化为一个均布载荷。由于冲积层厚度大,对组合关键层施加了较大的载荷,多在 1MPa 左右,使得组合关键层的断裂步距较小,极限悬顶面积也较低,一般在 6000m² 以上。当采空区悬顶面积超过其极限值时,组合关键层将失稳,这将导致自身及上覆表土层全部垮落直到地表,来压强度大,冲击危险性高。下面以榆家梁矿 42209短壁连采工作面为例来说明。

3.3.1　榆家梁矿 42209 短壁连采工作面概况

3.3.1.1　地质概况

榆家梁矿 42209 房采工作面地质条件简单,区内地质构造简单,无断层褶曲等。工作面直接顶岩性为灰色、浅灰色泥岩,泥质结构,水平层理及微波状层理,具滑面,整体性较强,厚度 6.1m;老顶为细沙岩,浅灰色,中厚层,泥质胶结,水平及波状层理,厚度 3.69m。底板为粉砂质泥岩,深灰色、灰色,中厚层状,致密半坚硬,水平层理发育,具有滑面。该工作面上覆地层参数如表 3-2 所示。

表 3-2　榆家梁矿 42209 回撤通道煤柱短壁连采工作面上覆地层参数表

地层	厚度 h/m	泊松比 μ	抗拉强度 σ_t/MPa	弹性模量 E/GPa	密度 $\rho/(kg/m^3)$	重力加速度 $g/(m/s^2)$
表土层	80	0.4	0	9	1600	9.8
粉砂岩	5.59	0.23	13	38	2400	9.8
泥砂互层(泥岩)	2.75	0.28	10	28	2400	9.8
基本顶(粉砂岩)	3.69	0.23	15	40	2400	9.8
直接顶1(泥岩)	4.3	0.3	9	20	2400	9.8
直接顶2(泥岩)	1.8	0.3	9	20	2400	9.8

3.3.1.2　回采概况

42209 连采工作面第一区段的巷道布置如图 3-12 所示。第一区段分为两个回采块段,共有 8 条支巷组成。第一块段设计四条支巷,支巷之间开两条联络巷,共回采 12 个块段。第二块段同样设计四条支巷,支巷之间开一条联络巷,共计回采 6 个块段。支巷与联络巷宽 5.4m,高 3.2m,巷道上方仍存留 0.4m 左右的煤皮。

回采块段时采用双翼进刀,左侧采硐深 7.5m,右侧采硐深 11m,采高 3.6m;采硐宽 3.3m,进刀角度为 40°。同时采硐之间留设 0.3m 的煤皮,便于装煤。

为保证安全,使直接顶能够完全垮落,在回采完一个块段后,在支巷和联巷交接处打强放眼,深度 20m,仰角为 30°。

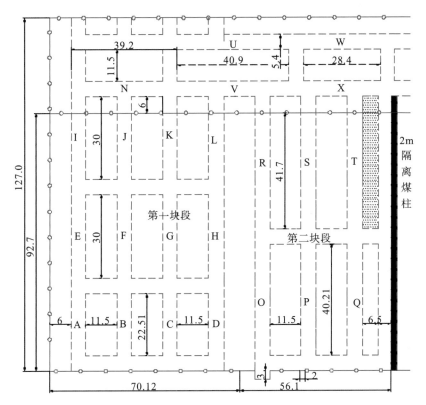

图 3-12　榆家梁矿 42209 短壁连采工作面巷道布置图（单位：m）

实际开采顺序为：第一块段第一排切块 D —→ C —→ A —→ B，第二排切块 H —→ G —→ F —→ E，第三排切块 L —→ K —→ J —→ I，顺槽和支巷口 M —→ N；第二块段第一排切块 O —→ P —→ Q，第二排切块 R —→ S —→ T，顺槽和支巷口 U —→ V —→ W —→ X。

3.3.2　榆家梁矿 42209 短壁连采工作面上覆关键层结构

3.3.2.1　关键层的判断

根据关键层的变形特征进行关键层的载荷计算，具体如下。

从基本顶（粉砂岩）为第一层往上计算。根据公式

$$q_1 = D_1 \sum_{i=1}^{n} q_i / \sum_{i=1}^{n} D_i = \frac{E_1 h_1^3}{1-\mu_1^2} \sum_{i=1}^{n} \rho_1 g h_i / \sum_{i=1}^{n} \frac{E_i h_i^3}{1-\mu_i^2}$$

计算得 $q_{11}=0.087\text{MPa}$；$q_{21}=0.12\text{MPa}$；$q_{31}=0.06\text{MPa}$。

由于 $q_{11} < q_{21} > q_{31}$，可以判断第一层粉砂岩（基本顶）和第三层粉砂岩为关键层。然后，在宽度 b 相同的条件下计算关键层的极限悬顶距 a 及极限悬顶面积 S，进而判断主关键层和亚关键层。极限悬顶距、极限面积分别根据式(3-12)、式(3-13)计算。

对于关键层二（基本顶），由式(3-11)求得 $l_m=60.79\text{m}$。

根据榆家梁矿短壁连采试验工作面的开采顺序，b 分别取 $b_1=27.9\text{m}$（第一排切块的

长度)，$b_2 = 35.4$m(第二、三排切块的长度)，$b_3 = 63.3$m(第一、第二排切块的长度和)，$b_4 = 70.1$m(第一块段四条支巷及其煤柱的宽度，第二块段为 56.1m)，$b_5 = 92.7$m(一、二、三排切块的总长度)，$b_6 = 127.0$m(支巷及顺槽煤柱的总长度)，分别计算极限悬顶步距。

由于 b_1、b_2 均小于 l_m，因此根据公式(3-2)顶板永远不会垮落，不再计算。当 b 大于 l_m 时，分别计算极限悬顶距，可求得极限悬顶步距分别为 $a_3 = 95.35$m，$a_4 = 81.09$m，$a_5 = 63.90$m，$a_6 = 60.78$m。

极限悬顶面积 $S = ab$，可求得极限悬顶面积分别为 $S_3 = 6035.7$m^2，$S_4 = 5684.75$m^2，$S_5 = 5923.69$m^2，$S_6 = 7719.42$m^2。

对于关键层一(粉砂岩)，其承受荷载为表土层和其自身的重量，求得 $q_2 = 1.39$MPa。根据公式(3-11)可以求得 $l_m = 24.88$m。当宽度 b 取 70.1m 时，极限悬顶步距为 24.72m。极限悬顶面积 S 为 1732.87m^2。

可见，在宽度 b 为 70.1m 时，关键层一的极限悬顶面积小于关键层二(基本顶)的。

3.3.2.2 组合关键层的判断

由于上方关键层的极限悬顶面积 $S_1 <$ 下方关键层的极限面积 S_2，可以判断上方关键层和下方关键层将一起运动，其运动步距将一致。因此，关键层一、二及其中间的软弱岩层共同组合成一个单一的组合关键层。

下面计算该组合关键层的极限悬顶步距及面积。该组合关键层上方没有岩层，只有表土层，因此其承受的荷载为其自身重量和表土层重量，即 $q_z = \sum_{i=z}^{m} \rho_i g h_i + q_s$，从而可得 $q_z = 1.537$MPa。

根据组合关键层的受力情况，抗拉强度取下方关键层的抗拉强度进行计算，从而可以求得其 $l_m = 54.61$m，当宽度 b 取 70.1m 时，极限悬顶步距为 67.93m，极限面积 S_3 为 4762.1m^2。可以看出，左侧四条支巷在回采第三排切块时，组合关键层将达到其极限悬顶步距，上覆地层将全部垮落。

3.3.2.3 直接顶极限悬顶面积计算

根据地层柱状以及现场观测，发现 6.1m 后的泥岩层(直接顶)分为上下两层，下层平均厚度 1.8m，上层平均厚度 4.3m。在 $b = 70.1$m(第一块段四条支巷)时，分别计算其极限悬顶距和极限悬顶面积，可得上位直接顶：$l_m = 60.14$m，$a = 76.64$m，$S = 5372.5$m^2；下位直接顶：$l_m = 38.91$m，$a = 38.96$m，$S = 2730.81$m^2。

现场观测发现，在每排的所有切块回采完毕后，直接顶未垮落，这与计算相吻合。$a > 30$m(切块的长度)，为进行强制放顶创造了条件。此时如果不进行强放，直接顶将大面积垮落(面积达 5372.5m^2)，形成较大危害。

汇总榆家梁 42209 短壁连采工作面上覆各岩层的极限悬顶距和极限悬顶面积得到表 3-3～表 3-4，图 3-13～图 3-14。

从上列图表中可以看出，该工作面最容易垮落的地层是关键层 1，其极限垮落面积最小为 949.44m^2，极限悬顶距最小为 24.7m；上方组合关键层形成的组合岩层极限悬顶距最大为 75.57m，极限面积最大为 6906.26m²。同时看出，当回采宽度大于最下极限悬顶距时，随着回采宽度的增加，极限悬顶距逐渐下降，最终趋于一个常数；而极限面积随着回采宽度的增加不断增大。

表 3-3　榆家梁矿 42209 短壁连采工作面上覆岩层极限悬顶距（单位：m）

回采宽度	下位直接顶	上位直接顶	基本顶	关键层 1	组合关键层
16.9m	∞	∞	∞	∞	∞
27.9m	∞	∞	∞	34.03	∞
63.3m	39.51	78.18	95.35	24.73	72.57
70.1m	38.96	76.64	81.09	24.72	67.93
92.7m	38.5	61.82	63.9	24.7	55.8
127m	38.5	59.64	60.78	24.7	54.38

表 3-4　榆家梁矿 42209 短壁连采工作面上覆岩层极限悬顶面积（单位：m²）

回采宽度	下位直接顶	上位直接顶	基本顶	关键层 1	组合关键层
16.9m	∞	∞	∞	∞	∞
27.9m	∞	∞	∞	949.44	∞
63.3m	2500.98	4948.79	6035.66	1565.41	4593.68
70.1m	2731.10	5372.46	5684.41	1732.87	4761.89
92.7m	3568.95	5730.71	5923.53	2289.69	5172.66
127m	4889.50	7574.28	7719.06	3136.90	6906.26

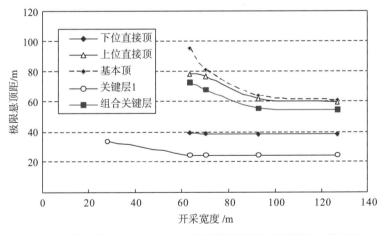

图 3-13　榆家梁 42209 上覆各地层极限悬顶距和开采宽度的关系图

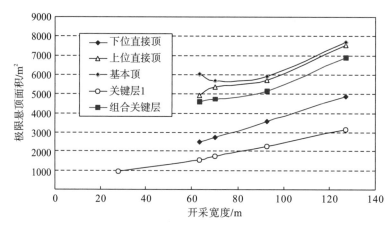

图 3-14　榆家梁 42209 上覆各地层极限悬顶面积和开采宽度的关系图

同时，对于单一复合关键层结构，其最上边的关键层受到表土层的作用后，其极限悬顶距和极限悬顶面积都很小；上、下关键层组合后，极限悬顶距和极限悬顶面积都有所增加。

3.3.3　强放以后的顶板运动规律

通过顶板深孔爆破强制放顶，使得直接顶和基本顶分段垮落，破坏了原有的组合关键层，使得关键层厚度减小，从而降低了关键层的极限悬顶步距和悬顶面积。同时，由于强放后的顶板作为垮落矸石充填在采空区内，采空区充填较好（充填系数 K_c 为 95%）使得未垮落岩层在运动时，将受到采空区内矸石垫层的影响，使得其极限悬顶步距和极限面积有所增加。

3.3.3.1　进行关键层判断，并判断是否会形成组合关键层

如果下方岩层的极限垮落面积大于上方关键层的极限垮落面积，则会同步运动；反之，则分层运动，下方岩层先垮。

由于泥砂互层岩层在强度、厚度、弹性模量等参数上均小于上方的粉砂岩，因此初步判断粉砂岩为关键层。经计算，$q_{20}=64680\mathrm{Pa}<q_{21}=12590.3\mathrm{Pa}$，所以粉砂岩为关键层。

计算粉砂岩的极限悬顶距和悬顶面积（前面已经求出）：$l_m=24.88\mathrm{m}$。当宽度 b 取 70.1m 时，极限悬顶步距 a 为 24.72m，极限面积 S 为 1671.31m^2。

计算泥砂互层岩层的极限悬顶距和垮落面积：$l_m=50.37\mathrm{m}$，当宽度 b 取 70.1m 时，$a=54.39\mathrm{m}$，$S=3812.75\mathrm{m}^2$。

可以看出，泥砂互层岩层的极限悬顶距和垮落面积均大于上方关键层的，因此认为泥砂互层和粉砂岩组成关键层，同步运动。

下面，计算二者的组成的组合关键层的极限悬顶距和极限面积。

该组合关键层承受的载荷为其自身重量和表土层重量，$q = \sum_{i=1}^{n} \rho_i g h_i + \rho_s g h_s$，从而可得 $q=1.45\mathrm{MPa}$。

根据组合关键层的受力情况，抗拉强度取下方关键层的抗拉强度进行计算，从而可以求得其 $l_m=36.28m$，当宽度 b 取 70.1m 时，极限悬顶步距为 36.47m，极限面积 S_3 为 2556.49m²。

3.3.3.2　考虑矸石支撑作用时的顶板运动规律

采空区的充填系数按照下面公式计算：

$$K_c = \frac{K(h_1+h_2)}{(h_1+h_2+m)} \tag{3-23}$$

式中，K_c——充填系数；

　　　K——岩层碎胀系数；

　　　h_1，h_2——第一、二层爆破岩层厚度；

　　　m——采高。

将 $K=1.3$、$h_1=6.1$、$h_2=3.69$、$m=3.6$ 带入上式可求得 $K_c=95\%$。

同时，可求得未接顶的距离为 $(3.6+6.1+3.69)-1.3×(6.1+3.69)=0.66m$。

当残余碎胀系数取 1.05，则压实高度为：$(1.3-1.05)×(3.2+0.4+1.8+4.3+3.69)=2.45m$。顶板最大下沉量为 $0.66+2.45=3.11m$。

可见由于采空区充填密实，矸石对上新的组合岩层起到了很好的支撑作用。为了简化计算，将下方矸石层的支撑作用简化为一个均布载荷 q_g。

$q_g=1.24MPa$，则该组合关键层承受载荷为 $q=1.45-1.24=0.21MPa$，重新计算其极限悬顶距和极限面积，得到 $l_m=95.2m$，当宽度 $b=92.7$ 小于 l_m 时，顶板将不会垮落；当 $b=121m$ 时，求得极限悬顶步距为 123.58m，极限面积 S 为 14952.61m²。这与实际相吻合。

3.3.4　单一复合关键层结构短壁连采顶板控制措施

对于单一复合关键层结构，其顶板悬顶面积较小，来压步距小，但是来压强度较大。通过合理的设置区段内部各个切块的参数，一方面使得直接顶在每排切块强制放顶以前不垮，这要求切块的长度小于直接顶极限悬顶距，同时使得块段的面积大于等于上覆组合关键层的极限悬顶面积。

同时，采取分段强制放顶的措施，即每采完一排切块进行强制放顶，放顶要保证采空区充填效果较好。强制放顶后，促使单一组合关键层变为单一关键层，使得极限悬顶面积下降，关键层容易垮落，彻底消除大面积冲击危害。

3.4　薄表土层多关键层结构顶板运动及控制

短壁采场多层关键层结构是指开采煤层上方有多层关键层，基本顶为亚关键层。厚基岩薄冲积层一般为多层关键层结构。冲积层薄，对基岩的荷载小，则基岩较难断裂。而且基岩厚度大，承载能力强，也不宜断裂。此类关键层结构，极限垮落步距和面积较大，基本顶一般在 12000m² 以上，关键层则可达 20000m² 以上。此类短壁采场的顶板包括直接顶、基本顶。由于基本顶极限悬顶面积大，短壁工作面来压强度高、来压剧烈。在进行短壁连采时，地表一般不发生大的沉降和陷落。下面以上湾矿 51203CL 短壁连采工作面为例进行说明。

3.4.1　上湾矿 51203CL 短壁连采概况

3.4.1.1　试验区域地质条件

上湾矿 51203CL 短壁连采区域的地质条件见表 3-5。工作面地面标高为 1054～1202m；松散层厚度为 0～15m，主要是风积砂；顺槽末端厚度最大；1^{-2} 煤层上覆基岩厚度 50～85m，实验区段上覆基岩厚度 65～75m。开采煤层直接顶为砂质泥岩或粉砂岩，平均厚度为 9m；基本顶为细砂岩，已部分风化，平均厚度 20m 左右。

表 3-5　上湾矿 51203CL 短壁连采试验区域基本概况

煤层	1^{-2}	盘区	西二盘区	工作面	51203L 工作面
地面标高	+1054m～+1202m		煤层底板标高		+1108m～+1109m
地面位置	51203L 工作面位于西沙沟以西，白家渠以东，2^{-2} 煤 52301 面以北，未开采区以南。运煤公路横穿工作面的中部。工作面内无钻孔。				
井下位置及四邻采掘情况	51203L 工作面位于 1^{-2} 煤西二盘区三条大巷东侧，由西南向东北布置；南面为 2^{-2} 煤 52301 面采空区；南面为未开采区；向东延伸至 2^{-2} 煤三大巷附近				
回采对地面设施的影响	运煤公路横穿工作面的中部；回采塌陷将对公路造成破坏，影响车辆行驶				

试验区段煤层赋存稳定，煤层倾角 1°～5°，煤层厚度变化不大，平均厚度在 4.5m 左右。沿工作面顺槽掘进方向，煤层整体负坡推进，局部呈现波状起伏状态。区域内煤层最薄处位于北部冲刷区，厚度约为 3m，局部甚至小于 3m。靠近顺槽一侧煤层厚度较大，平均厚度约为 6m。工作面平均厚度按 4.5m 计算，该工作面上覆地层主要参数见表 3-6。

表 3-6　上湾矿 51203CL 短壁连采试验工作面上覆地层参数表

地层	厚度 h/m	泊松比 μ	抗拉强度 σ_t/MPa	弹性模量 E/GPa	密度 ρ /(kg/m³)	重力加速度 g /(m/s²)
风积沙	8.3	0.4	0	11	1600	9.8
泥岩 1	11.1	0.3	7	20	2400	9.8
粉砂岩	23.58	0.23	12	35	2400	9.8
中砂岩	9.45	0.2	14	40	2300	9.8
泥岩 2	4.76	0.3	8	20	2400	9.8
细砂岩	12.42	0.24	15	45	2400	9.8
粗砂岩	8.97	0.22	13	35	2400	9.8
泥岩 3	5.95	0.3	8	25	2400	9.8
泥岩 4	3.3	0.3	8	25	2400	9.8

3.4.1.2　短壁连采主要参数

上湾煤矿设计 51203CL 旺采工作面采用切块式全垮落法开采，同时应用线性支架。工作面采煤方法见图 3-15，该区域的巷道布置见图 3-16。

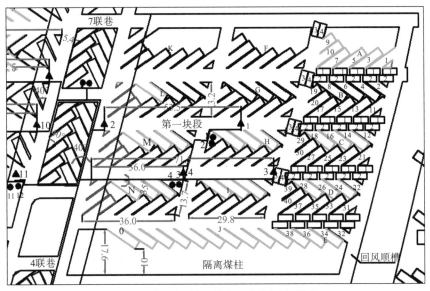

图 3-15　试验区段(第一块段)回采布置(单位：m)

旺采区段顺槽、联巷、支巷与其联巷设计高度均为 4.2m，沿底煤掘进。每隔 5 条支巷留设区段间隔煤柱为 10m；支巷口与区段平巷间留设 6m 护巷煤柱。支巷双翼进刀回采，进刀角度与支巷夹角为 35°，采硐深度 11m，采硐之间留设 0.3m 厚煤皮。旺采工作面的总体回采顺序为由里向外，所有支巷全部采用后退式回采，待区段巷内煤柱回收完毕后进行平巷煤柱回收。回采时采硐深度不得超过 11m，严格按要求留设支巷隔离煤柱、区段巷护巷煤柱和区段与区段之间的隔离煤柱。

各巷道断面中胶运顺槽断面：5.4m×4.2m；辅运顺槽断面：5.2m×4.2m；联巷断面：5.2m×4.2m；支巷断面：5.2m×4.2m；采硐断面：3.5m×5.0m，采硐深度 11m。

试验区段(第一块段)回采布置图见图 3-16。图中 A、B、C…为块段回采顺序，1、2、3…为采硐回采顺序。1、2、3、4 为线性支架位置。各个块段的回采顺序为第一块段、第二块段、第三块段、第四块段。

试验区段与区段之间留设了 10m 煤柱，第一、二区段支巷与支巷之间留设了 2m 煤柱，经优化后第三、四试验区段支巷与支巷之间不留设煤柱，采硐间留设 0.4m 左右煤柱，支巷口与区段平巷间留设 6m 护巷煤柱。每个支巷采取双翼回采方式，进刀角度为 35°，深度为 11m。区段回采完毕时同时回收区段煤柱、顺槽煤柱及大巷煤柱。

3.4.1.3　切块式全垮落法开采顶板冒落情况

上湾煤矿设计 51203CL 旺采工作面采用切块式全垮落法开采试验方案。试验区段开采 A、B、C、D、E 第一排五个切块后，煤层直接顶分层冒落。煤层开采厚度大约 4.5m 左右，直接顶冒落分层厚度为 4～5m，冒落矸石上方的空间高度为 4m 左右。因此，采空

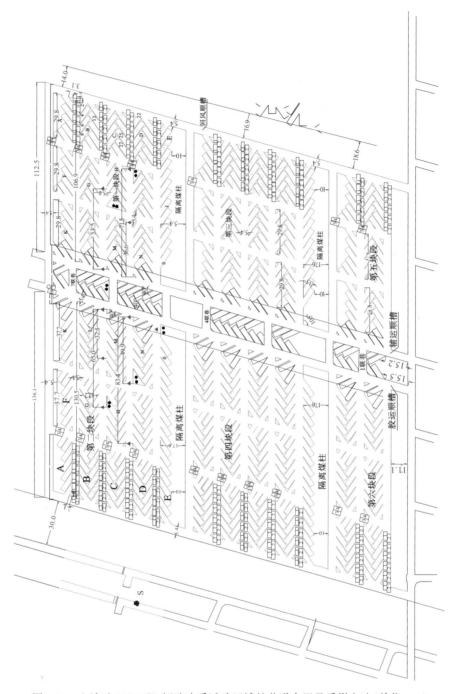

图 3-16 上湾矿 51203CL 短壁连采试验区域的巷道布置及采煤方法(单位：m)

区充填程度较小(50%~60%)，为增加采空区充填程度，降低老顶来压形成飓风的可能性，矿方在区段内局部进行强制放顶，将平均厚度 9.0m 左右的直接顶强制放落，采空区充填程度大于 75%，有效地防止了老顶的垮落冲击。

F、G、H、I、J 第二排五个切块开采后，同样根据顶板冒落实际情况进行了局部强制放顶措施。

3.4.2　上湾矿 51203CL 短壁连采工作面上覆关键层结构

3.4.2.1　关键层的确定

1. 变形特征

以基本顶(粗砂岩)为第一层往上计算,根据公式(3-1)、(3-2)、(3-3)得到

$$q_{11} = 210974.7 > q_{12} = 113149.04\text{Pa}$$

据此判断,细砂岩层为关键层。基本顶承受的载荷为 q_j=210974.7Pa。

以该层细砂岩为第一层继续向上算,可得

$$q_{11} = 292118.4\text{Pa} < q_{12} = 393868.5\text{Pa} < q_{13} = 437558.1\text{Pa} > q_{14} = 174709.4\text{Pa}$$

据此,判断其上方第四层岩石——粉砂岩为关键层。细砂岩关键层承受的载荷为 q_2=437558.1Pa。

根据公式 $q_{n+1} = \dfrac{E_{n+1}h_{n+1}^3}{1-\mu_{n+1}^2}\Big[\rho_{m+1}gh_{m+1} + \sum\limits_{i=n+1}^{m}\rho_i gh_i\Big] / \sum\limits_{i=n+1}^{m}\dfrac{E_i h_i^3}{1-\mu_i^2}$ 可得,粉砂岩关键层承受的载荷 q_3=890569Pa。

因此,根据上湾矿 51203CL 短壁连采试验工作面的柱状图可以判断其上方地层中共有三层关键层,分别是厚度 23.58m 的粉砂岩、厚度 12.42m 的细砂岩和厚度 8.97m 的粗砂岩(基本顶)。

下面进行主、亚关键层的判断。

2. 强度条件

在宽度 b 为 129.4m(第二块段采空区长度)时各关键层的极限悬顶距和极限悬顶面积分别为:

关键层 1:l_m=125.78m;a=206.62m;S_{max}=26736.58m²;

关键层 2:l_m=105.94m;a=136.17m;S_{max}=17621.01m²;

关键层 3(基本顶):l_m=102.08m;a=131.01m;S_{max}=16952.33m²。

因此可以判断,关键层 1 为主关键层,关键层 2、3 为亚关键层。即上湾 51203CL 短壁连采的回采顺序,为第一块段、第二块段、第三块段、第四块段,其中第一、第三块段尺寸相同,第二、第四块段尺寸相同。

第一、三块段:采空区长度为 106.2m,宽度为 80.2m,采空区面积为 8517.24m²;第二、四块段:采空区长度为 129.4m,宽度为 80.2m,采空区面积为 10377.88m²。一、三块段间、二、四块段间均留设 10m 宽煤柱。

采空区的宽度为 80.2m,小于各个关键层的 l_m(最小为 102.08m),而且各个块段之间留设了 10m 的煤柱,因此基本顶及其上覆地层不会垮落。根据现场观测发现,实施强制放顶后,实现了直接顶的全部垮落,未发现基本顶垮落以及地面下沉。因此理论计算结果与实际观测到的结果相吻合。

3.4.2.2　直接顶极限悬顶面积计算

根据地层柱状以及现场观测,发现 9.25m 后的泥岩层(直接顶)分为上下两层,下层

平均厚度 3.3m，上层平均厚度 5.95m。在 $b=80.2$（四条支巷）时，分别计算其极限悬顶距和极限悬顶面积，结果如下：

上位直接顶：$l_m=66.69m$；$a=83.65m$；$S_{max}=6709.00m^2$；

下位直接顶：$l_m=49.67m$；$a=50.51m$；$S_{max}=4051.07m^2$。

现场观测发现，在回采完第一排 5 个切块后，直接顶未垮落，这与计算相吻合。$a>37.7m$（切块的长度），为进行强制放顶创造了条件。为了避免直接顶大面积（面积可达 $6709m^2$）垮落的危害，对其进行了强制放顶，实现了直接顶的分段垮落。

3.4.2.3　取消块段间煤柱的顶板运动规律预测

取消块段间的 10m 煤柱时，同时回收顺槽附近的煤柱（宽度 39m），四个块段的采空区将连成一个大的采空区，采空区悬顶面积将大大增加。经计算，该采空区长度（支巷方向）为 $L=106.2+129.4+39.4=275m$，宽度为 $W=80.2+10+80.2=170.4m$，面积为 $S=275\times170.4=46860m^2$。

在宽度为 170.4m 时，分别计算各关键层的极限悬顶距和极限悬顶面积分别为：

关键层 1：$a=158.96m$；$S_{max}=27087.5m^2$；

关键层 2：$a=134.38m$；$S_{max}=22897.6m^2$；

关键层 3（基本顶）：$a=131.55m$；$S_{max}=22416.3m^2$。

可以看出，完全取消块段间以及顺槽间煤柱时，当四个块段采完后，上覆地层将全部垮落，而且垮落面积都在 20000m^2 以上。其中，基本顶最先垮落，其次是关键层 2，最后是关键层 3 和表土层。根据目前的回采顺序，在回收第三、第四块段中间的顺槽煤柱时，基本顶及其上方顶板将大面积垮落，将带来严重的冲击灾害。因此，通过留设块段间煤柱隔离采空区是合理的、安全的。

3.4.3　上湾强放后的顶板极限悬顶面积计算

上湾矿 51203CL 短壁连采试验工作面的强制放顶是对直接顶进行强制放顶，并未破坏基本顶。同时，强放后的采空区充填系数为

$K_c=1.3\times9.25/(4.5+9.25)=87\%$，1.3 为碎胀系数。

未接顶的距离为 $4.5+9.25-1.3\times9.25=1.73m$。

残余碎胀系数取为 1.05，则压实高度为 $(1.3-1.05)\times9.25=2.31m$。

顶板最大下沉量为 $1.73+2.31=4.04m$。

可见，强制放顶后采空区的矸石未充填满，距离顶板仍有较大距离。给基本顶的变形提供了较大空间。因此，强放后的顶板运动和强放前基本相同。

3.4.4　薄表土层多层关键层结构短壁连采顶板控制措施

对于薄表土层多层关键层结构，其顶板悬顶面积大，来压步距大，来压强度较大。通过合理的设置区段内部各个切块的参数，一方面使得直接顶在每排切块强制放顶以前不垮，这要求切块的长度小于直接顶极限悬顶距，同时使得块段的面积大于等于基本顶的极限悬

顶面积。同时，采取分段强制放顶的措施，即每采完一排切块进行强制放顶，放顶要保证采空区充填效果较好。多关键层结构由于表土层薄、基岩厚，强制放顶对上方的关键层没有影响。为了使上覆岩层垮落，彻底消除冲击隐患，可采用地表强制放顶的方法。

3.5　厚表土层多关键层结构顶板运动及控制

对于厚表土层厚基岩结构也有可能形成单一复合关键层结构。假设覆岩中有三层关键层结构，如果第一、第二关键层形成的复合关键层的极限悬顶面积小于下方关键层时，已有的关键层将和下方关键层组合成一个厚度更大的复合关键层，此时整个覆岩中将形成一个单一复合关键层结构。下面以大柳塔煤矿 12406-3 短壁连采工作面为例进行说明。

3.5.1　大柳塔煤矿 12406-3 切眼外侧旺采区概况

大柳塔煤矿试验区域选择在 12406-3 切眼外侧旺采三角区的一个区段左翼进行，同时其右翼作为对比区域进行了矿压观测。该矿试验区区域地质条件如下。

12406-3 切眼外侧旺采三角区井下位于 12608 面回风顺槽南侧，12406-3 工作面切眼的东侧，12607 工作面之北，所在煤层为 2^{-2} 煤，盘区为四盘区；在 12607 工作面与旺采区之间有一组断层，旺采区为 12406-3 综采面切眼、12608 综采面回顺及断层所夹的三角区域。12607 工作面和 12608 工作面均已回采完毕。

12406-3 切眼外侧旺采三角区所对应的地面上无建筑物，地表大部分被第四系松散层覆盖。三角区区段巷前进方向左侧是 12608 采空区。

2^{-2} 煤层平缓，倾角小于 4°，煤厚 5m。巷道总体以正坡掘进，局部有起伏变化。煤的容重 1.29t/m³。属低沼气矿井；煤层易自燃，最短发火期 30d；煤尘具有爆炸性，煤尘爆炸指数为 36.7%。2^{-2} 煤煤层灰分 5.56%～10.38%，内在水分 8.29%～9.14%，特低硫、特低磷、中高发热量，长焰煤 41 号。

顶底板岩性：煤层直接顶以粉砂岩为主，部分地段为砂质泥岩或泥岩，厚度为 0～4.03m，老顶以中粗砂岩为主，部分地段为粉细砂岩，厚度大于 20m，煤层顶板中等稳定。煤层直接底岩性多为泥岩、砂质泥岩，遇水强度降低；老底为粉、细砂岩中厚层状，比较稳定。

本工作面属母河沟流域，该段上覆基岩厚度 50m，风化基岩厚度 10m，富水性较弱，松散层厚 40～70m(中间薄，两侧厚)，其中砂砾石层厚 0～18m，富水性中等。上覆地层参数见表 3-7。

表 3-7　大柳塔 12406-3 面短壁连采试验工作面上覆地层参数表

地层	厚度 h/m	泊松比 μ	抗拉强度 σ_t/MPa	弹性模量 E/GPa	密度 ρ/(kg/m³)	重力加速度 g/(m/s²)
风积沙	83.5	0.4	0	9	1600	9.8
中砂岩 1	5.5	0.29	6.2	29	2500	9.8
粗砂岩	7.2	0.25	7.6	32	2500	9.8

续表

地层	厚度 h/m	泊松比 μ	抗拉强度 σ_t/MPa	弹性模量 E/GPa	密度 ρ/(kg/m³)	重力加速度 g/(m/s²)
中砂岩 2	11.74	0.26	13	35	2500	9.8
1⁻¹煤	0.4	0.35	4.2	11	1400	9.8
粉砂岩 1	6.04	0.24	13.5	38	2500	9.8
1⁻²煤	0.4	0.35	4.2	11	1400	9.8
细砂岩 1	2.42	0.28	10	33	2500	9.8
粉砂岩 2	5.74	0.23	14	40	2500	9.8
细砂岩 2	2.45	0.25	10	34	2500	9.8
粉砂岩 3	2.8	0.24	80	360	2500	9.8

该区域的巷道布置和采煤方法如图 3-17 所示。采用支巷单翼进刀回采方式，进刀角度 45°，每连续回采三个采硐留一个 1.5m 的刀间煤柱。采硐垂直深度 9m，采硐深 11m。支巷间不留煤柱，采完一个区段后留 10m 左右的区段隔离煤柱，以阻隔采空区。支巷口与区段之间留 10m 的平巷隔离煤柱，回采时带采回收一部分。

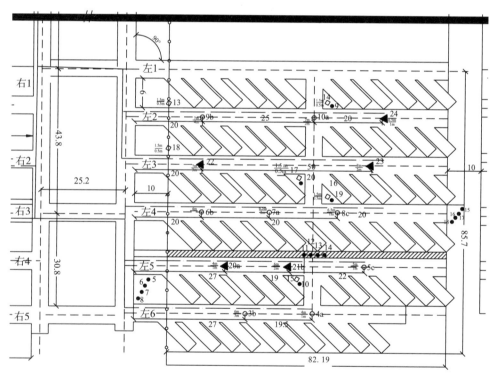

图 3-17　大柳塔矿试验区域施工巷道(单位：m)

3.5.2　大柳塔煤矿 12406-3 切眼外侧旺采上覆关键层结构

3.5.2.1　关键层的确定

以基本顶(5.74m 厚的粉砂岩)为第一层往上计算，根据公式得到：

$$q_{11} = 140630\text{Pa} > q_{12} = 187976.77\text{Pa} > q_{13} = 193118.7\text{Pa} < q_{14} = 162400.2\text{Pa}$$

据此判断，其上方的第四层岩石，即厚度 6.04m 的粉砂岩为关键层，而基本顶承受的载荷为 q_j=193118.7Pa。

以该层粉砂岩为第一层继续向上算，可得

$$q_{11} = 147980\text{Pa} < q_{12} = 153454.1\text{Pa} < q_{13} = 56289.57\text{Pa}$$

据此，判断其上方第二层岩石——厚度 11.74m 的中砂岩为关键层，而厚度 6.04m 的粉砂岩关键层承受的载荷为 q_2=153454.1Pa。

以该层中砂岩为第一层继续向上计算，可得

$$q_{11} = 287630\text{Pa} < q_{12} = 383574.48\text{Pa} < q_{13} = 461849.9\text{Pa} < q_{14} = 1471721\text{Pa}$$

可以看出，该层中砂岩上方无关键层，其承受的载荷为 q_{14}=1471721Pa。

因此，根据大柳塔煤矿 12406-3 短壁连采试验工作面的柱状图及地层参数，可以判断其上方地层中共有三层关键层，分别是厚度 11.74m 的中砂岩、厚度 6.04m 的粉砂岩和厚度 5.74m 的粉砂岩(基本顶)。

下面进行主、亚关键层的判断。

3.5.2.2　强度条件

在宽度为 82.1m(采空区宽度)时各关键层的极限悬顶距和极限悬顶面积分别为：

关键层 1，l_m=51.10m；a=61.41m；S_{1max}=5048.04m^2。

关键层 2，l_m=82.53m>b=82.1m，因此该层关键层不会垮落，即 S_{2max}=∞，大于关键层 1 的极限悬顶面积。因此，重新计算关键层 2 的 l_m，载荷按从关键层 2 开始到地表计算，求得

l_m=70.71m<b=82.1m；a=92.28m；S_{1max}=7667.59m^2。

可见关键层 2 的极限悬顶面积大于关键层 1，相比较关键层 1 而言关键层 2 为主关键层。

关键层 3(基本顶)，l_m=77.45m；a=115.32m；S_{3max}=9478.92m^2。可见，关键层 3 的极限悬顶面积大于关键层 2 的，重新计算关键层 3 的极限悬顶面积，载荷按从关键层 2 开始到地表计算，求得

l_m=71.91m<b=82.1m；a=96.60m；S_{1max}=7940.98m^2。

可以看出，关键层 3 的极限悬顶步距和极限悬顶面积均大于关键层 2 的，因此确定关键层 3 为主关键层。

最终确定，关键层 1、2 为亚关键层，关键层 3 为主关键层。

当采空区宽度为 82.1m 时，实际的采空区面积为 7044.54 m^2，小于工作面上方基本顶及其上覆地层的理论极限悬顶面积 7940.98m^2。因此，基本顶及上覆地层不会垮落。实际上，该块段回采完毕后，直接顶发生了垮落，基本顶未垮落。理论计算结果和实际相吻合。

3.5.2.3　直接顶极限悬顶面积计算

该短壁连采块段的直接顶分为上下两层，下层为粉砂岩，平均厚度 2.8m，上层为细砂岩，平均厚度 2.45m。在 b=82.2m 时，分别计算其极限悬顶距和极限悬顶面积，结果如下。

上位直接顶：$l_m = 46.19m$；$a = 59.32m$；$S_{max} = 4875.85m^2$。

下位直接顶：$l_m = 44.05m$；$a = 44.29m$；$S_{max} = 3640.54m^2$。

3.5.2.4　采用切块式全部垮落法时的顶板运动规律预测

该短壁连采区段采用了单翼支巷进刀的短壁连采方法，回采完毕后实现了直接顶的垮落，同时保证了基本顶及其上覆地层的稳定。但是，如果采空区四周的煤柱随着时间的推移逐步损坏，采空区的悬顶面积将急剧增大，很可能会导致基本顶及其上覆地层大面积垮落的危害。为此，可采用切块式全部垮落法开采，采用支巷双翼进刀，每个块段设置 5 条支巷，块段宽度为 84.5m[5×(11.5+5.4)m]，支巷长度为 90.8m(40×2+5.4×2)，每个块段分为 2 排切块，切块长度为 40m，回采完切块后，回收支巷口煤柱(宽度6m)及顺槽间煤柱(宽度 11.5m)，块段长度为 113.1m(90.8+11.5+5.4×2)。块段采完后，采空区悬顶面积为 $S = 9556.95m^2$。每排切块回采完毕后进行强制放顶，放顶高度为10m。该块段的布置参数和榆家梁矿基本一致。

由于放顶高度为 10m，直接顶和基本顶将被崩落。根据前面的分析，上覆地层将形成以关键层 2 为主关键层的多层关键层结构。关键层 2 极限悬顶参数：$l_m = 70.71m < b = 82.1m$；$a = 92.28m$；$S_{1max} = 7667.59m^2$。同时，强放后的采空区充填系数为

$K_c = 1.3 × 10.99/(10.99+4.5) = 93\%$，1.3 为碎胀系数。

未接顶的距离为 $4.5+10.99-1.3×10.99 = 1.05m$。

残余碎胀系数取为 1.05，则压实高度为 $(1.3-1.05)×10.99 = 2.87m$。

顶板最大下沉量为 $1.05+2.87 = 3.93m$。

可见，强制放顶后采空区的矸石充填比较密实。采空区矸石将对未破坏的顶板岩层有着较好的回程，使得上覆组合关键层的极限悬顶面积有所增加。

3.5.3　厚表土层多层关键层结构短壁连采顶板控制措施

对于厚表土层厚基岩的覆岩结构，基岩中有多个关键层，有时关键层之间可能形成组合关键层。厚表土层的多层关键层结构基本顶悬顶面积较大，来压步距大，来压强度大，一旦发生冲击，危害将非常大。因此，一方面可通过合理的设置区段内部各个切块的参数，一方面使得直接顶在每排切块强制放顶以前不垮，这要求切块的长度小于直接顶极限悬顶距，同时使得块段的面积大于等于上覆复合关键层的极限悬顶面积。

同时，采取分段强制放顶的措施，即每采完一排切块进行强制放顶，放顶要保证采空区充填效果较好。强制放顶使得极限悬顶面积下降，关键层容易垮落，彻底消除大面积冲击危害。

3.6　三角形、梯形短壁连采块段顶板极限悬顶面积计算

在神东矿区的短壁连采中，由于受到井田边界的影响，一些回采块段形状不再是矩形，而是三角形、梯形等形状，此时的顶板极限面积计算应重新考虑。在计算三角形、

梯形回采块段的极限悬顶面积时，要和开采形状、尺寸以及开采顺序结合起来考虑。具体计算步骤如下：

（1）进行上覆岩层结构计算，判断是何种类型的关键层结构。

（2）根据上覆岩层分类结果，确定各个关键层（包括基本顶）的极限垮落步距 l_{mi}（按照梁结构）。

（3）按照开采顺序和开采尺寸，在开采区域内寻找是否存在边长为 l_{mi} 的正方形区域，如果存在，则第 i 个关键层会发生断裂失稳，见图 3-18(a)。

（4）如果开采区域内不存在边长为 l_{mi} 的正方形区域，且开采的尺寸（工作面推进方向和垂直方向）均小于 l_{mi}，则第 i 个关键层不会断裂失稳，见图 3-18(b)。

（5）当开采区域内不存在边长为 l_{mi} 的正方形区域，且开采的尺寸（工作面推进方向和垂直方向）均大于 l_{mi}，如果此时开采区域的面积 $S \leqslant l_{mi}^2$，则第 i 个关键层不会断裂失稳，见图 3-18(c)。

（6）当开采区域内不存在边长为 l_{mi} 的正方形区域，且开采的尺寸（工作面推进方向和垂直方向）均大于 l_{mi}，如果此时开采区域的面积 $S > l_{mi}^2$，则第 i 个关键层有可能断裂失稳，需要进行矩形等量化计算，根据等量化后的矩形来判断是否达到极限悬顶面积，再判断第 i 个关键层是否会失稳，见图 3-18(d)。

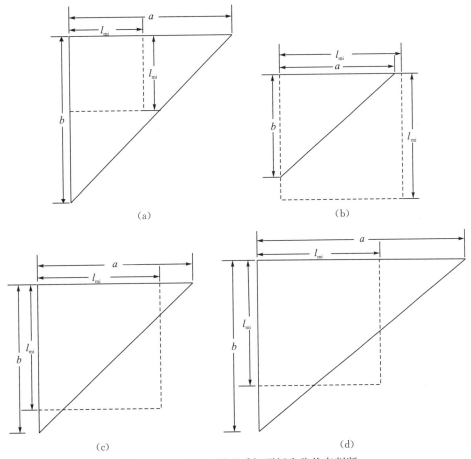

图 3-18　三角形、梯形采场顶板失稳状态判断

梯形、三角形板的极限面积直接用公式求解非常复杂，为了便于工程的应用，提出将三角形或梯形等量化为矩形的方式进行极限面积计算。下面将三角形板和矩形板分开来讨论。

3.6.1　三角形顶板极限悬顶面积

对于三角形板，采用按三角形面积不变等效转化为矩形板，以矩形板进行计算，可得到满意的结果供工程设计使用。简化的计算公式如下

若待计算三角形长边长度为 $A+a$，短边长度为 $2b$，中间边的长度为 $2B$，如图 3-19 所示，高 $h=\sqrt{(2b)^2-a^2}=\sqrt{(2B)^2-A^2}$。根据面积相等原则，使所求矩形的长短边之比为 2，即 $\frac{1}{2}(A+a)h=2a'a'$，求出矩形的边长：

$$a'=\frac{\sqrt{(A+a)\cdot\sqrt{4b^2-a^2}}}{2}=\frac{\sqrt{(A+a)\cdot\sqrt{4B^2-A^2}}}{2} \tag{3-24}$$

式中，$A+a$——三角形长边长度，m；

　　$2B$——三角形中间边长度，m；

　　$2b$——三角形短边长度，m；

　　h——三角形高度，m；

　　a'——当量矩形边长，m。

图 3-19　三角形板等量化矩形板示意图

以此矩形板进行三角形的简化计算即可。

3.6.2　梯形顶板极限悬顶面积计算

对于梯形板目前没有较好的相对精确的设计计算方法，但可采用以下简化算法，即把梯形板（上底 b_1、下底 b_2、高 h）简化当成矩形板（高宽分别为 a、b）进行计算，如图 3-20所示。

图 3-20　梯形板等量化矩形板示意图

当量矩形的高度和宽度分别为

$$a = h - \frac{b_2(b_2 - b_1)}{6(b_2 + b_1)} \tag{3-25}$$

$$b = \frac{2b_2(2b_1 + b_2)}{3(b_1 + b_2)} \tag{3-26}$$

式中，b_1——梯形板上底长度，m；

b_2——梯形板下底长度，m；

h——梯形板高度，m；

a——当量矩形板高度，m；

b——当量矩形板宽度，m。

当 $b_1/b_2 > 0.25$，以此矩形板进行梯形板的简化计算即可。如果 $b_1/b_2 \leqslant 0.25$，按照三角形板等量化矩形板的方式进行计算。

3.6.3　计算实例——榆家梁 42213 短壁连采块段

3.6.3.1　概况

1. 地质概况

榆家梁煤矿 42213 短壁连采工作面掘进巷道所属地段地层总的趋势是以极缓的坡度向北西倾斜的单斜构造，局部有起伏，倾角 1°～5°，断层不发育，后生裂隙发育，属构造简单煤层。地表为黄土沟壑区，地表标高：1258.5～1369.6m，最大高差 111m；松散层厚度 40～120m；上覆基岩厚度 20.1m。采区内除了煤层厚度不均一，局部顶板破碎以外，无其他大的地质构造。

42213 短壁连采工作面所在的 4^{-2} 煤层厚度变化较大，煤厚 4.10～6.65m，平均为6.25m。煤层黑色，暗淡光泽，煤岩组分以亮煤、暗煤为主，含少量镜煤，丝炭分布于层面，条带结构，层状构造，断口参差状，局部贝壳状断口，为半光亮型煤。煤层中有夹矸，上部夹矸为泥岩，下部夹矸为粉砂岩。42213 房采工作面中部煤层下部夹矸厚度由 0.15m 突增为 1.10m 又渐变为 0.5m；夹矸下部煤层也由 0.40m 突增为 3.15m。

42213 房采工作面直接顶为泥岩，浅灰色，水平层理及微波状层理，见植物化石碎片，具滑面，厚度 6.5m；老顶为粉砂岩，浅灰色，中厚层，泥质胶结，波状层理，厚度4.2m；直接底为粉砂质泥岩，深灰色、灰色，粉砂泥质结构，中厚层状，致密半坚硬，水平层理发育，厚度 2.6m。顶板及上覆地层参数见表 3-8。

2. 回采概况

42213 连采工作面第一区段的巷道布置如图 3-21 所示。第一区段分为四个回采块段，共有 22 条支巷组成。第一块段设计 6 条支巷，支巷之间开一条联络巷，共回采 12 个块段。第二块段同样设计 6 条支巷，支巷之间开一条联络巷，共计回采 10 个块段。支巷与联络巷宽 5.4m，高 3.2m，巷道上方仍存留 0.4m 左右的煤皮。

表 3-8　榆家梁矿 42213 回采通道煤柱短壁连采工作面上覆地层参数表

地层	厚度 h/m	泊松比 μ	抗拉强度 σ_t/MPa	弹性模量 E/GPa	密度 $\rho/(\text{kg/m}^3)$	重力加速度 $g/(\text{m/s}^2)$
表土层	111.8	0.45	0	9	1600	9.8
粉砂岩	6.1	0.23	14	36	2400	9.8
泥砂互层(泥岩)	3.3	0.29	7	22	2400	9.8
基本顶(粉砂岩)	4.2	0.23	13	34	2400	9.8
直接顶(泥岩)	6.5	0.32	6	19	2400	9.8

回采块段时采用双翼进刀，左侧采硐深 7.5m，右侧采硐深 11m，采高 6.25m；采硐宽 3.3m，进刀角度为 40°。同时采硐之间留设 0.3m 的煤皮，便于装煤。

为保证安全，使直接顶能够完全垮落，在回采完一个块段后，在支巷和联巷交接处打强放眼，深度 20m，仰角为 30°。

具体的开采顺序为：

(1)第五块段：N →P →Q。

(2)第三块段：第一排切块(E →D →C →B →A) →第二排切块(J →I →H →G →F)。

(3)第四块段(M →L →K)。

(4)第三、第四块段间的顺槽和支巷口煤柱。

(5)第一块段：第一排切块(A →B →C →D →E →F) →第二排切块(G →H →I →J →K →L)。

(6)第二块段：第一排切块(M →N →O →P →Q) →第二排切块(R →S →T →U →V →W)。

(7)第一、二块段的顺槽和支巷口煤柱。

3.6.3.2　榆家梁矿 42213 短壁连采工作面上覆关键层结构

1. 短壁采场梯形、三角形块段尺寸的矩形等量化计算

如图 3-21 所示，42213 短壁连采采场划分为 5 个块段，块段形状为矩形、梯形以及三角形。根据将梯形、三角形简化为矩形的公式，可以求得各个块段的等量矩形的尺寸和面积见表 3-9。

2. 榆家梁矿 42213 短壁采场上覆关键层结构判断

1)关键层的判断

根据关键层的变形特征进行关键层的荷载计算，参数选取见表 3-9，具体如下：

首先从基本顶(粉砂岩)为第一层往上计算。根据公式 $q_1 = \dfrac{E_1 h_1^3}{1-\mu_1^2} \sum_{i=1}^{n} \rho_1 g h_i \Big/ \sum_{i=1}^{n} \dfrac{E_i h_i^3}{1-\mu_i^2}$，计算得

$$q_{11} = 0.099\text{MPa}; \quad q_{12} = 0.13\text{MPa}; \quad q_{13} = 0.075\text{MPa}。$$

由于 $q_{11} < q_{12}$ 且 $q_{13} > q_{12}$，可以判断第一层粉砂岩(基本顶)和第三层粉砂岩为关键层。

然后，在宽度 b(等量矩形的长或宽，应该根据推进方向确定，与工作面推进方向垂直的为宽度 b)相同的条件下计算关键层的极限悬顶距 a 及极限悬顶面积 S，进而判断关键层和亚关键层。极限悬顶距、极限悬顶面积分别根据下面公式计算。

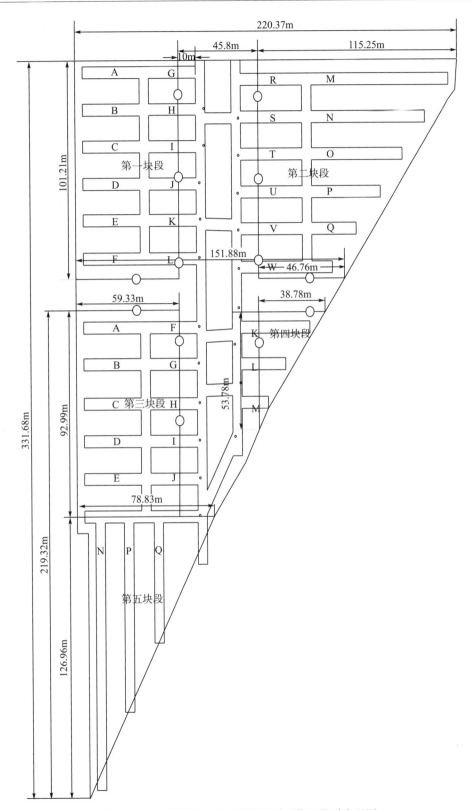

图 3-21　榆家梁矿 42213 短壁连采工作面巷道布置图

表 3-9　42213 短壁采场各块段参数及等量矩形参数

块段	原始尺寸		等量矩形尺寸	
第一块段 （矩形）	长/m	103.75	长 l_1/m	103.75
	宽/m	82.23	宽 b_1/m	82.23
	面积/m²	8531.4	面积 s_1/m²	8531.4
第二块段 （直角梯形）	上底边长/m	138.15		
	下底边长/m	64.49	长 l_2/m	154.89
	高/m	103.75	宽 b_2/m	95.38
	面积/m²	10511.95	面积 s_2/m²	14773.4
第三块段 （直角梯形）	上底边长/m	146.72		
	下底边长/m	81.67	长 l_3/m	160.65
	高/m	94.84	宽 b_3/m	87.88
	面积/m²	10830.25	面积 s_3/m²	14117.9
第四块段 （直角三角形）	长直角边/m	126.33	长 l_4/m	101.57
	短直角边/m	81.67	宽 b_4/m	50.79
	面积/m²	5158.7	面积 s_4/m²	5158.7

$$a = \begin{cases} b\sqrt{\dfrac{\sqrt{\mu^2 b^4 + 4l_m^2(b^2 - l_m^2)} - \mu b^2}{2(b^2 - l_m^2)}} & \left(l_m < b < \sqrt{\dfrac{2}{1+\mu}}l_m\right) \\[4mm] b\sqrt{\dfrac{b^2 - \sqrt{b^4 - 4l_m^2(l_m^2 - \mu b^2)}}{2(l_m^2 - \mu b^2)}} & \left(b \geqslant \sqrt{\dfrac{2}{1+\mu}}l_m\right) \end{cases}$$

$$l_m = \frac{h}{\sqrt{1-\mu^2}}\sqrt{\frac{2\sigma_t}{q}}$$

$$S = \begin{cases} b^2\sqrt{\dfrac{\sqrt{\mu^2 b^4 + 4l_m^2(b^2 - l_m^2)} - \mu b^2}{2(b^2 - l_m^2)}} & \left(l_m < b < \sqrt{\dfrac{2}{1+\mu}}l_m\right) \\[4mm] b^2\sqrt{\dfrac{b^2 - \sqrt{b^4 - 4l_m^2(l_m^2 - \mu b^2)}}{2(l_m^2 - \mu b^2)}} & \left(b \geqslant \sqrt{\dfrac{2}{1+\mu}}l_m\right) \end{cases}$$

式中，各符号意义和以前相同。

根据公式求得关键层二（基本顶）的 $l_{m2} = 32.67$m，关键层一（粉砂岩层）的 l_{m1} $= 24.08$m。

2)组合关键层的判断

由于上方关键层的 l_{m1}<下方关键层的 l_{m2}，根据公式可知，上方关键层的极限悬顶距和极限悬顶面积均小于下方关键层。由此，将关键层 1、2 组合成一层复合关键层，二者将共同运动。

下面计算该组合关键层的极限悬顶步距及面积。

该组合关键层上方没有岩层，只有表土层，因此其承受的载荷为其自身重量和表土层重量，即 $q_z = \sum_{i=z}^{m} \rho_i g h_i + q_s$，从而可得 $q_z = 2.07\text{MPa}$。

根据组合关键层的受力情况，抗拉强度取下方关键层的抗拉强度进行计算，从而可以求得 $l_m = 51.36\text{m}$。根据各块段的等量矩形的尺寸，可求得各块段的极限悬顶距 a_i、极限悬顶面积 S_i 以及关键层的稳定状态，见表 3-10。

表 3-10　42213 短壁采场各块段的极限悬顶距和极限悬顶面积

块段	原始参数		等量矩形参数				关键层稳定状态
第一块段（矩形）	长/m	101.21	b_1	101.21	b_2	59.33	开采完第一块段后，失稳
	宽/m	59.33	a_1	51.54	a_2	68.43	
	面积/m²	6004.79	S_1	5216.79	S_2	4059.78	
第二块段（直角梯形）	上底边长/m	115.25	b_3	99.01	b_4	93.09	开采完第二块段后，失稳
	下底边长/m	46.76					
	高/m	101.21	a_3	51.64	a_4	51.97	
	面积/m²	8198.52	S_3	5112.4	S_4	4837.51	
第三块段（矩形）	长/m	92.99	b_5	92.99	b_6	59.33	开采完第三块段后，失稳
	宽/m	59.33	a_5	51.97	a_6	68.43	
	面积/m²	5517.10	S_5	4832.96	S_6	4059.78	
第四块段（直角三角形）	长直角边/m	53.78	b_7	45.67	b_8	26.58	开采完第四块段后，稳定；开采完第三、四块段间的煤柱后，失稳
	短直角边/m	38.78	a_7	∞	a_8	∞	
	面积/m²	1042.79	S_7	∞	S_8	∞	
第五块段（直角三角形）	长直角边/m	126.96	b_9	100.04	b_{10}	50.02	开采完第五块段后，稳定；开采完第三块段后，失稳
	短直角边/m	78.83	a_9	51.59	a_{10}	∞	
	面积/m²	5004.13	S_9	5161.15	S_{10}	∞	

对于第一块段，形状为矩形，按照矩形板的理论进行极限悬顶面积计算，求得极限悬顶面积小于第一块段的实际面积，因此，组合关键层将产生运动；对于第二块段，形状为梯形，内部存在边长 l_m 为 51.36m 的正方形，且该直角梯形的面积为 8198.52m²，大于 2637.84m²，所以在回采过程中，关键层会断裂失稳；第三块段形状为矩形，极限悬顶面积小于实际的面积，因此关键层将产生断裂失稳；第四块段（直角三角形）内，不存在边长 l_m 为 51.36 的正方形，且支巷方向长度 38.78m 小于 l_m，垂直支巷方向长度 53.78m 大于 l_m，但是第四块段的总面积为 1042.79m²，小于 2637.84m²，所以在第四块段回采过程中，关键层不会破断，即回采完第四块段后，关键层仍然稳定；第五块段（直角三角形）内，不存在边长 l_m 为 51.36m 的正方形，在支巷方向上的边长 78.83m 小于 l_m，在垂直支巷方向上长度 126.96m 大于 l_m，但是第五区段的总面积为 5813.5m²，小于 2637.84m²，所以在第五块段回采过程中，关键层不会断裂失稳，即回采完第五块段后，关键层仍然稳定；第三、四、五块段（直角三角形）内，存在边长 l_m 为 51.36m 的正

方形，且该梯形的面积为 15781.17m²，大于 2637.84m²，所以在回采过程中，关键层会断裂失稳，即回采完三、四、五块段后，该范围内的关键层失稳，同时地表发生下沉。

从表 3-10 中可以看出，在进行强制放顶以前，42213 短壁采场第一、二、三块段的面积大于极限悬顶面积，第四、五块段的面积小于极限悬顶面积。因此，如果不采取强制放顶措施的话，开采第五块段后，采场关键层不会运动；回采第三块段时，第四、第三块段范围内的关键层及其上覆表土层会发生运动；单独回采第四块段时，关键层不运动；回采完第三、四块段间煤柱后，第五块段顶板垮落；回采第一、第二块段时，其上方的关键层和上覆表土层也将发生运动。

3. 强放以后的关键层结构变化及顶板运动规律

通过顶板深孔爆破强制放顶，爆破高度超过 10m，使得顶煤、直接顶、基本顶（总厚度 11.3m）分段垮落，破坏了原有的组合关键层，使得关键层厚度减小，从而降低了关键层的极限悬顶步距和悬顶面积，降低了来压强度。同时，由于强放后的顶板作为垮落矸石充填在采空区内，采空区充填较好时，未垮落岩层在运动时，将受到采空区内矸石垫层的影响，使得其极限悬顶步距和极限悬顶面积有所增加，但是上覆地层的运动将变得缓和，矿压显现变得不明显。

1）进行关键层判断，并判断是否会形成组合关键层

如果下方岩层的极限垮落面积大于上方关键层的极限垮落面积，则会同步运动；反之，则分层运动，下方岩层先垮。

由于泥砂互层岩层在强度、厚度、弹性模量等参数上均小于上方的粉砂岩，因此初步判断粉砂岩为关键层。经计算，$q_{20}=77616\text{Pa}<q_{21}=110108.18\text{Pa}$，所以粉砂岩为关键层。

计算粉砂岩的极限悬顶参数 $l_m=24.08\text{m}$，求得泥砂互层的极限悬顶参数 $l_m=30.45\text{m}$。可以看出，在宽度相等时泥砂互层岩层的极限悬顶距和垮落面积均大于上方关键层的，因此认为泥砂互层和粉砂岩组成关键层，同步运动。

下面，计算二者组成的组合关键层的极限悬顶距和极限悬顶面积。

该组合关键层承受的荷载为其自身重量和表土层重量，$q=\sum_{i=1}^{n}\rho_i g h_i+\rho_s g h_s$，从而可得 $q=1.97\text{MPa}$。

根据组合关键层的受力情况，抗拉强度取下方关键层的抗拉强度进行计算，从而可以求得其 $l_m=36.38\text{m}<51.36\text{m}$（强放以前的组合关键层的 l_m）。

2）考虑矸石支撑作用时的顶板运动规律

采空区的充填系数按照下面公式计算。

$$K_c=\frac{K(h_0+h_1+h_2)}{(h_0+h_1+h_2+m)} \tag{3-27}$$

式中，K_c——充填系数；

$\quad\quad K$——岩层碎胀系数；

$\quad\quad h_0$、h_1、h_2——顶煤厚度、直接顶厚度、基本顶厚度；

$\quad\quad m$——采高。

将 $K=1.3$、$h_0=0.6m$，$h_1=6.5$、$h_2=4.2$、$m=4.5$，带入上式可求得 $K_c=93.0\%$。

同时，可求得未接顶的距离为 $(4.5+6.5+4.2+0.6)-1.3\times(6.5+4.2+0.6)=1.11m$。当残余碎胀系数取 1.05，则压实高度为 $(1.3-1.05)\times(6.5+4.2+0.6)=2.83m$。顶板最大下沉量为 $1.11+2.83=3.94m$。

可见由于采空区充填密实，矸石对上新的组合岩层起到了很好的支撑作用。为了简化计算，将下方矸石层的支撑作用简化为一个均布荷载 q_g，取 $q_g=1.63MPa$，则该组合关键层承受荷载为 $q=1.97-1.63=0.24MPa$，重新计算其极限悬顶距和极限面积，得到 $l_m=87.13m$。当宽度 b 小于 l_m 时，顶板将不会垮落。最小的极限面积是见方垮落的面积，为 $7591.33m^2$。

按照三角形、梯形采场的计算方法和步骤，可得各个回采块段的极限悬顶面积和开采后的稳定状态，详见表 3-11 和表 3-12。

具体计算和判断过程如下：

第一块段（矩形）内，不存在边长 l_m 为 87.13m 的正方形，在支巷方向的长度 59.33m 小于 l_m，在垂直支巷方向长度 101.21m 大于 l_m，但是矩形的面积为 $6004.79m^2$，小于 $7591.64m^2$，所以第一块段在回采完的时候关键层不会失稳。

第二块段（直角梯形）内，不存在边长 l_m 为 87.13m 的正方形，且支巷方向的长度 115.25m 及垂直支巷方向长度 101.21m 均大于 l_m，该梯形的面积为 $8198.52m^2$，大于 $7591.64m^2$，则关键层有可能断裂失稳，需要进行矩形等量化计算。根据等量化计算公式可得，矩形长 99.01m，宽 95.01m，以 99.01m 为开采边长时，关键层的极限破断距为 117.65m，极限悬顶面积为 $11648.24m^2$，在以 95.01m 为开采边长时，关键层的极限破断距为 123.43m，极限悬顶面积为 $11726.76m^2$，由于极限悬顶面积均大于该梯形块段的实际面积 $8198.52m^2$，所以在第二块段回采过程中，关键层不会失稳。

第三块段（矩形）内，不存在边长 l_m 为 87.13m 的正方形，在垂直支巷方向的长度为 59.33m 小于 l_m，在垂直支巷方向长 92.99m 大于 l_m，但是矩形的面积为 $5517.10m^2$，小于 $7591.64m^2$，所以第三块段在回采完的时候关键层不会垮塌。

第四块段（直角三角形）内，不存在边长 l_m 为 87.13 的正方形，且在支巷方向长度 38.78m 及垂直支巷方向长度 53.78m 均小于 l_m，所以第四块段在回采过程中关键层不会失稳。

第五块段（直角三角形）内，不存在边长 l_m 为 87.13m 的正方形，在支巷方向上的长度 78.83m 小于 l_m，在垂直支巷方向上长度 126.96m 大于 l_m，但是第五块段的总面积为 $5813.5m^2$，小于 $7591.64m^2$，所以在第五块段回采过程中，关键层不会失稳。

第一、二联合块段（直角梯形）内，存在长度 l_m 为 87.13m 的正方形，且该梯形的面积为 $18837.71m^2$ 大于 $7591.64m^2$，所以在回采过程中，关键层会断裂失稳。根据矩形等量化计算公式可得，矩形长 206.85m，宽 94.45m，以 206.85m 为开采边长时，关键层的极限破断距为 86.73m，极限悬顶面积为 $17940.13m^2$，在以 94.45m 为开采边长时，关键层的极限破断距为 124.57m，极限悬顶面积为 $11766m^2$，由于极限悬顶面积均小于该梯形的实际面积 $18837.71m^2$，所以在第一、二块段回采后，关键层会失稳，地表发生沉降。

表 3-11　强制放顶后的 42213 短壁采场各块段的极限悬顶距和极限悬顶面积

块段	原始参数		等量矩形参数				关键层稳定状态
第一块段（矩形）	长/m	101.21	b_1	101.21	b_2	59.33	开采完第一块段后，稳定；开采完一、二间的煤柱后，失稳
	宽/m	59.33	a_1	115.62	a_2	∞	
	面积/m²	6004.79	S_1	11702.24	S_2	∞	
第二块段（直角梯形）	上底边长/m	115.25	b_3	99.01	b_4	95.01	开采完第二块段后，稳定；开采完一、二间的煤柱后，失稳
	下底边长/m	46.76					
	高/m	101.21	a_3	117.65	a_4	123.43	
	面积/m²	8198.52	S_3	11648.24	S_4	11726.76	
第三块段（矩形）	长/m	92.99	b_5	92.99	b_6	59.33	开采完第三块段后，稳定；开采完三、四块段间的煤柱后，失稳
	宽/m	59.33	a_5	128.19	a_6	∞	
	面积/m²	5517.10	S_5	11920.55	S_6	∞	
第四块段（直角三角形）	长直角边/m	53.78	b_7	45.67	b_8	22.83	开采完第四块段后，稳定；开采完三、四块段间的煤柱后，失稳
	短直角边/m	38.78	a_7	∞	a_8	∞	
	面积/m²	1042.79	S_7	∞	S_8	∞	
第五块段（直角三角形）	长直角边/m	126.96	b_9	100.04	b_{10}	50.02	开采完第五块段后，稳定；开采完三、四块段间煤柱后，失稳
	短直角边/m	78.83	a_9	116.63	a_{10}	∞	
	面积/m²	5004.13	S_9	11667.28	S_{10}	∞	

表 3-12　强制放顶后的 42213 短壁采场各联合块段的极限悬顶距和极限悬顶面积

块段	原始参数		等量矩形参数				关键层稳定状态
第一、二块段联合（直角梯形）	上底边长/m	220.37	b_1	206.85	b_2	94.45	失稳
	下底边长/m	151.88					
	高/m	101.21	a_1	86.73	a_2	124.57	
	面积/m²	18837.71	S_1	17940.13	S_2	11766	
第三、四、五块段联合（直角三角形）	长直角边/m	219.32	b_3	177.66	b_4	88.83	失稳
	短直角边/m	143.91	a_3	87.24	a_4	149.88	
	面积/m²	15781.17	S_3	15499.19	S_4	13314.20	

　　第三、四、五联合块段（直角三角形）内，存在边长 l_m 为 87.13m 的正方形，且该三角形的面积为 15781.17m²，大于 7591.64m²，所以在回采过程中，关键层会断裂失稳。根据等量化计算公式可得，矩形长 177.66m，宽 88.83m，以 177.66m 为开采边长时，关键层的极限破断距为 87.24m，极限悬顶面积为 15499.19m²；在以 88.83m 为开采边长时，关键层的极限破断距为 149.88m，极限悬顶面积为 13314.20m²。由于极限悬顶面积均小于实际三角形块段面积 15781.17m²，所以在第三、四、五块段都采完后，关键层会失稳，地表发生沉降。

通过实际地表观测发现，每个块段单独采完后，地表均出现沉降，在第一、二块段采完后，地表发生第一次沉降；第三、四、五块段均采完后，地表发生第二次沉降。这与理论计算结果一致。

3.7　本 章 小 结

本章针对神东矿区的短壁采场上覆岩层进行了分类，提出了顶板及关键层的极限悬顶面积计算方法，研究了不同类别短壁采场的顶板运动特征，提出了顶板运动的控制措施，并进行了具体的实例计算，理论计算结果与实际观测结果一致。具体结论和建议如下：

（1）根据调研，神东矿区的短壁连采上覆地层主要分为厚松散层薄基岩（松散层厚度≥40m、基岩厚度≤20m）、薄松散层厚基岩（松散层厚度≤20m、基岩厚度≥40m）以及厚松散层厚基岩（松散层厚度≥40m、基岩厚度≥40m）三类，三类地层的覆岩结构和顶板运动特征各不相同。

（2）首次提出了短壁采场的关键层判断方法，即按照板理论分别计算关键层的载荷和极限悬顶面积，然后判断关键层的位置及其控制范围。

（3）利用短壁采场的关键层判断方法进行了神东矿区短壁采场覆岩结构的划分，将其分为两种类型：一是单一复合关键层结构，由两层关键层及之间的软弱岩层组合而成（多为厚松散层薄基岩地层）；二是多层关键层结构（薄松散层厚基岩地层、厚松散层厚基岩地层），包括多个单一关键层结构、含有复合关键层的多关键层结构（厚松散层厚基岩地层）。

（4）通过理论计算得到了不同覆岩结构的短壁采场顶板极限悬顶步距和悬顶面积，确定了各类覆岩结构的短壁采场顶板运动特征。对于单一复合结构短壁采场的顶板，即顶板运动步距较小，极限悬顶面积较小，但来压强度较大；对于含有复合关键层结构的多层关键层结构短壁采场的顶板，即顶板运动步距大；对于多层关键层结构地层，顶板运动步距大，极限悬顶面积大，来压强度大。

（5）针对神东矿区边角煤柱不规则的条件，提出了三角形、梯形短壁采场顶板及上方关键层失稳及极限面积的计算方法和步骤，提出了将三角形、梯形采场等量化为矩形采场的计算公式，并进行了实例计算和分析。

（6）提出了全垮落法短壁连采采场顶板的控制措施：①通过合理的设置区段内部各个切块的参数，一方面使得直接顶在每排切块强制放顶以前不垮，这要求切块的长度小于直接顶极限悬顶距，另一方面使得块段的面积大于等于上覆复合关键层的极限悬顶面积；②采取分段强制放顶的措施，即每采完一排切块进行强制放顶，放顶要保证采空区充填效果较好，必要时进行地表强制放顶；③计算强制放顶后的顶板极限悬顶面积，发现在强放厚度大、采空区充填较好的条件下，强放后的短壁采场顶板极限悬顶面积明显增大，且采场矿压显现出比较缓和。

第4章　短壁连采覆岩运动与应力分布数值模拟

4.1　数值仿真原理

FLAC3D(fast lagrangian analysis of continua in three dimension)是一个三维有限差分程序，目前已发展到 V3.1 版本。FLAC3D 是一个岩土、采矿工程师利用显式有限差分方法求解并进行分析和设计的三维连续介质程序，主要用来模拟土、岩、或其他材料的非线性力学行为，可以解决众多有限元程序难以模拟的复杂的工程问题，例如大变形、大应变、非线性及非稳定系统(甚至大面积屈服、失稳或完全塌方)等问题。

FLAC3D 在解决连续介质力学问题时，除了边界条件外，还有三个方程必须满足，即平衡方程，变形协调方程和本构方程。平衡方程反映内力和外力之间的平衡关系；变形协调方程保证介质的变形连续性；本构方程即物理方程，它表征介质应力和应变间的物理关系。对于刚体离散单元法只需要满足平衡方程和物理方程；而对于显式有限差分法需要同时满足上述三个方程。显式有限差分法求解过程如下。

(1)首先要将一个连续区域(模型)划分为若干个小的单元体，将连续区域的外力(包括重力，均布力和集中力等)，变形引起的应力和质量按照体积加权分配到各个单元的节点上。

(2)各节点(具有质量的个体)在作用于该节点的合力作用下，按照平衡方程(运动方程——牛顿第二运动定律)的运动法则使节点产生加速度，根据中心差分法原理，由加速度求得节点的速度、位移以及坐标更新值，这样使节点产生运动。

(3)单元各节点运动不一致，使单元产生变形，而这种变形必须遵循变形协调方程(几何方程)，使单元体产生应变率。

(4)根据单元材料所满足的物理方程(它反映了本单元的应力与应变的关系)，确定由单元体应变率引起的应力增量，再将新的单元应变增量分配到单元节点上。

4.1.1　FLAC3D 程序计算方法

FLAC3D 是美国 Itasca 咨询分司根据 Cundall 等人提出的显式有限差分法而编制的有限差分软件，具有很强的分析功能，主要特点为：①通过对三维介质的离散，使所有外力与内力集中于三维网络节点上，进而将连续介质运动定律转化为离散节点上的牛顿定律；②时间与空间的导数采用沿有限空间与时间间隔线性变化的有限差分来近似得出；③将静力问题当作动力问题来求解，将运动方程中惯性项来作为达到所求静力平衡的一种手段。

岩土工程结构的数值解是建立在满足基本方程(平衡方程、几何方程、本构方程)和边界条件下推导的。由于基本方程和边界条件多以微分方程的形式出现，因此，将基本方程改用差分方程(代数方程)表示，把求解微分方程的问题改换成求解代数方程的问题，这就是所谓的差分法。差分法由来已久，但差分法需要求解高阶代数方程组，只有通过计算机才使该法得以实施和发展。

FLAC3D 做计算分析的一般步骤与大多数程序采用数据输入方式不同，FLAC3D 采用的是命令驱动方式，命令字控制着程序的运行。在必要时，尤其是绘图，还可以运用 FLAC3D 用户交互式图形界面。为了建立 FLAC3D 计算模型，必须通过以下三个方面的工作来生成和设定：有限差分网格、本构特性与材料性质、边界条件与初始条件。

完成上述工作后，可以获得模型的初始平衡状态，也就是模拟开挖前的原岩应力状态。然后，进行工程开挖或改变边界条件来进行工程的响应分析，类似于 FLAC3D 的显式有限差分程序的问题求解。与传统的隐式求解程序不同，FLAC3D 采用一种显式的时间步(timestep)来求解代数方程，进行一系列计算步后达到问题的解。在 FLAC3D 中，达到问题所需的计算步能够通过程序或用户加以控制，但是，用户必须确定计算步是否已经达到问题的最终的解。最后进行结果的分析与总结。

4.1.2　FLAC3D 基本功能和特征

(1)允许介质出现大应变和大变形。

(2)Interface 单元可以模拟连续介质中的界面，并允许界面发生切向滑动和法向开裂。

(3)显式计算方法，能够为非稳定物理过程提供稳定解，直观反映岩土体工程中的破坏。

(4)地下水流动与力学计算完全耦合(包括负孔隙水压，非饱和流及相界面计算)。

(5)采用结构加固单元模拟加固措施，例如衬砌、锚杆、桩基等。

(6)材料模型库(例如：弹性模型、莫尔-库仑塑性模型、任意各向异性模型、双屈服模型、黏性及应变软化模型)。

(7)预定义材料性质，用户也可增加用户自己的材料性质设定并储存到数据库中。

(8)可选择模块，包括：热力学模块、流变模块、动力学模块、二相流模块等，用户还可用 Microsoft Visual C++建立自己的模型。

(9)边坡稳定系数计算满足边坡设计的要求。

(10)用户可用内部语言(FISH)增加自己定义的各种特性(如：新的本构模型、新变量或新命令)。

4.1.3　软件的优点

(1)连续体大应变模拟。

(2)界面单元用已代表不连续接触界面可能出现的完全不连续性质的张开和滑动，因此可以模拟断层、节理和摩擦边界等。

(3)显式求解模式可以获得不稳定物理过程的稳定解。

(4)材料模型：①"空(null)"模型；②三种弹性模型(各向同性、横观各向异性、和正交各向异性)；③七种非线性模型(Drucker-Prager、Mohr-Coulomb、应变硬化及应变软化、节理化、双线性应变硬化/软化节理化、双屈服、修正的 Cam-clay 模型)。

(5)任何参数指标的连续变化或统计分布的模拟。

(6)外接口编程语言(FISH)允许用户添加用户自定义功能。

(7)方便的边界定义和初始条件定义方式。

(8)可定义水位线/面进行有效应力计算。

(9)地下水渗流计算以及完全的应力场渗流场偶合计算(含负孔隙压力、非饱和流、井)。

(10)结构单元如隧道衬砌、桩、壳、梁锚杆、锚索、土工织物及其组合,可以模拟不同的加固手段及其与围岩(土体)的相互作用。

该程序能较好地模拟地质材料在达到强度极限或屈服极限时发生的破坏或塑性流动的力学行为,特别适用于分析渐进破坏和失稳以及模拟大变形。FLAC3D调整三维网格中的多面体单元来拟合实际的结构。单元材料可采用线性或非线性本构模型,在外力作用下,当材料发生屈服流动后,网格能够相应发生变形和移动(大变形模式)。FLAC3D采用的显式拉格朗日算法和混合-离散分区技术,能够非常准确的模拟材料的塑性破坏和流动。由于不用形成刚度矩阵,因此可以基于较小内存空间就能够求解大范围的三维问题。

4.1.4　五种计算模式

4.1.4.1　静力模式

这是FLAC3D默认模式,通过动态松弛方法得到静态解。

4.1.4.2　动力模式

用户可以直接输入加速度、速度或应力波作为系统的边界条件或初始条件,边界可以采用固定边界和自由边界。动力计算可以与渗流问题相耦合。

4.1.4.3　蠕变模式

有五种蠕变本构模型可供选择以模拟材料的应力、应变与时间关系:Maxwell模型、双指数模型、参考蠕变模型、黏塑性模型、脆延模型。

4.1.4.4　渗流模式

可以模拟地下水流、孔隙水压力耗散以及可变形孔隙介质与其间的黏性流体的耦合。渗流服从各向同性达西定律,流体和孔隙介质均被看作可变形体。考虑紊流,将稳定流看作是紊流的特例。边界条件可以是固定孔隙压力或恒定流,可以模拟水源或深井。渗流计算可以与静力、动力或温度计算耦合,也可以单独计算。

4.1.4.5　温度模式

可以模拟材料中的瞬态热传导以及温度应力。温度计算可以与静力、动力或渗流计算耦合,也可单独计算。

4.1.5　多种结构形式

对于通常的岩体、土体或其他材料实体,用八节点六面体单元模拟。

　　FLAC3D 包含有四种结构单元：梁单元、锚单元、桩单元、壳单元。可用来模拟岩土工程中的人工结构如支护、衬砌、锚索、岩栓、土工织物、摩擦桩、板桩等。

　　FLAC3D 的网格中可以有界面，这种界面将计算网格分割为若干部分，界面两边的网格可以分离，也可以发生滑动。因此，界面可以模拟节理、断层或虚拟的物理边界。

4.1.6　强大的前后处理功能

　　FLAC3D 具有强大的前后处理功能。只要设置某些控制点的坐标，软件就可以自动生成计算网格，界面直观且美观。用户可以根据实际情况通过某些命令修改网格，如对于圆形巷道可采用全放射性网格；对于其他非规则峒室及复杂地下洞群，可采用局部密集周边疏松的网格。各阶段的计算结果均可以数据文件的形式存盘，一旦需要就可用 Restore 命令恢复全部现场，使用起来非常方便。用户还可以利用 FISH 自定义单元形态，通过组合基本单元，可以生成非常复杂的三维网格，比如交叉巷道等。

　　在计算过程中的任何时刻用户都可以用高分辨率的彩色或灰度图或数据文件输出结果，以对结果进行实时分析，图形可以表示网格、结构以及有关变量的等值线图、矢量图、曲线图等，可以给出计算域的任意截面上的变量图或等值线图，计算域可以旋转以从不同的角度观测计算结果。

4.2　采场数值建模

　　模拟开采煤层高度为 3.45m。该工作面两侧均未采动。计算采用图 4-1 的三维模型，模型尺寸为 $190 \times 180 \times 120(x \times y \times z)$m；为节省计算空间和加快计算速度，在不影响计算精度的情形下，单元采用不均匀离散方法划分，模型共计 71136 个单元，79712 个节点。初始应力场垂直方向按覆岩自重生成，水平方向按公式(4-1)生成，侧压系数 $\lambda = 0.5$。模型岩性分布与实际地质综合柱状图一致。岩性参数见表 4-1。模型侧向边界限制水平位移，底部限制垂直位移，上部施加覆岩自重应力。

$$\sigma_x = \sigma_y = \lambda \sigma_z \tag{4-1}$$

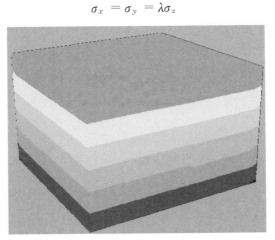

图 4-1　数值模型示意图

表 4-1　煤岩力学参数

岩层编号	体积模量/GPa	剪切模量/MPa	内聚力/MPa	摩擦角/°	抗拉强度/MPa	厚度/m
顶板 V	0.07	0.2	0.03	26	0.01	96
顶板 IV	4.5	2.8	1.4	32	1.5	6
顶板 III	4.0	2.4	1.2	33	1.4	3
顶板 II	1.2	0.8	1.1	35	1.9	4
顶板 I	1.0	0.6	0.8	30	1	6
煤层	0.5	0.28	0.6	25	0.8	3.45
底板 I	6.0	3.9	1.5	35	1.5	10
底板 II	6.8	3.4	2.0	38	2.0	10

模型采用软件内嵌的复合莫尔-库伦准则，也就是模型可以发生剪切和拉伸破坏。

4.2.1　弹性阶段

材料的应力和应变满足广义虎克定理，即

$$\left.\begin{array}{l} \Delta\sigma_1 = \alpha_1\Delta e_1^e + \alpha_2(\Delta e_2^e + \Delta e_3^e) \\ \Delta\sigma_2 = \alpha_2\Delta e_2^e + \alpha_2(\Delta e_3^e + \Delta e_1^e) \\ \Delta\sigma_3 = \alpha_1\Delta e_3^e + \alpha_2(\Delta e_1^e + \Delta e_2^e) \end{array}\right\} \tag{4-2}$$

其中

$$\alpha_1 = E(1-\mu)/(1-2\mu)(1+2\mu)$$
$$\alpha_2 = E\mu/(1-2\mu)(1+\mu)$$

式中，$\Delta\sigma_1$，$\Delta\sigma_2$，$\Delta\sigma_3$——主应力增量；

$\quad\quad\Delta e_1$，Δe_2，Δe_3——主应变增量；

$\quad\quad E$——材料的弹性模量；

$\quad\quad\mu$——材料的泊松比。

4.2.2　塑性阶段

该屈服准则在(σ_1, σ_3)平面上如图 4-2 所示(压应力为负，拉应力为正)。包络线 $f(\sigma_1, \sigma_3)=0$ 在 AB 段由莫尔—库伦屈服准则(图 4-2) $f^s=0$ 定义，f^s 表示为

$$f^s = \sigma_1 - \sigma_3 N_\varphi - 2c\sqrt{N_\varphi}, N_\varphi = \frac{1+\sin(\varphi)}{1-\sin(\varphi)} \tag{4-3}$$

在 BC 段由拉屈服准则定义 $f^t=0$，f^t 表示为

$$f^t = \sigma_t - \sigma_3 \tag{4-4}$$

式中，φ——内摩擦角；

$\quad\quad c$——黏结强度；

$\quad\quad\sigma_t$——抗拉极限载荷。

当 $f^s<0$ 时，材料发生剪切破坏，φ 和 C 这两个强度常数来自实验室三轴测试；当 $f^t<0$ 时，材料发生拉伸破坏。

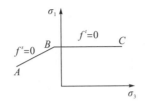

图 4-2　莫尔−库伦屈服准则

4.3　模　拟　方　案

4.3.1　模拟方案

为保证模拟与现场开采相似，设置的模拟方案及模拟结果见图 4-3～图 4-75 所示。

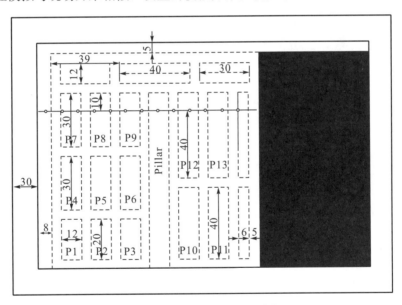

图 4-3　开采平面布置示意图(单位：m)

4.3.1.1　方案 I——切块后退式

开采顺序：

块体 1 ⟶ 块体 2 ⟶ 块体 3 ⟶ 煤柱 $_{左下半}$ ⟶ 块体 4 ⟶ 块体 5 ⟶ 块体 6 ⟶ 煤柱 $_{左上半}$ ⟶ 块体 7 ⟶ 块体 8 ⟶ 块体 9 ⟶ 煤柱 $_{右下半}$ ⟶ 块体 10 ⟶ 块体 11 ⟶ 煤柱 $_{右上半}$ ⟶ 块体 12 ⟶ 块体 13。

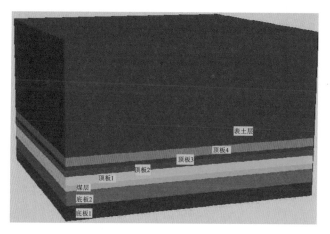

（a）

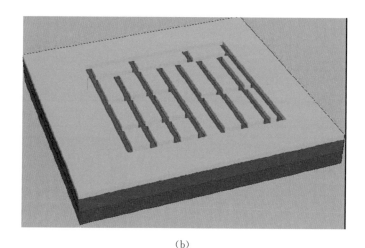

（b）

图 4-4　模拟采场结构示意图

4.3.1.2　方案Ⅱ——切块前进式

开采顺序：

块体 3 → 块体 2 → 块体 1 → 煤柱$_{左下半}$ → 块体 6 → 块体 5 → 块体 4 → 煤柱$_{左上半}$ → 块体 9 → 块体 8 → 块体 7 → 块体 11 → 块体 10 → 煤柱$_{右下半}$ → 块体 13 → 块体 12 → 煤柱$_{右上半}$

4.3.1.3　方案Ⅲ——支巷后退式

开采顺序：

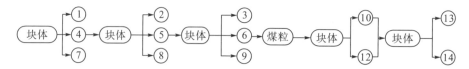

4.3.2　主要研究内容

4.3.2.1　采场覆岩运动规律

研究不同开采方案条件下，采场覆岩随采场推进过程中运动规律并确定相应结构力学参数，以及研究第一区段开采过程中地表沉陷规律。

4.3.2.2　采动应力场演化规律

研究不同开采方案条件下，采动应力场"形成—→发展—→稳定"的演化过程，确定采场四周不同范围内煤体承受的应力大小，以及应力高峰位置和大小。

4.3.2.3　煤柱稳定性

主要研究开采过程中，煤柱和支巷稳定性，确定合理开采方案，保证工作面安全生产。

在课题研究中，主要研究以下内容：①第一区段左侧 9 个块体开采时中间煤柱稳定性；②块体开采过程中辅助大巷稳定性；③第一区段开采结束后，第一区段右边界煤柱破坏范围。

块体坐标位置如图 4-5 所示。

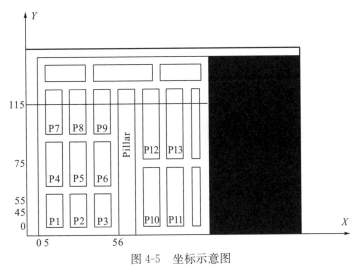

图 4-5　坐标示意图

4.4　模拟结果分析

4.4.1　方案 I——切块后退式

1. 块体 1、2、3 开采

如图 4-6 所示，块体 1、2、3 开采后，在 4、5、6 块体的下端会造成明显的应力集中现象，最大集中应力达到 7.6MPa，施加的原岩应力为 3MPa，最大的应力集中系数为 2.53。块体 1、2、3 的开采基本不会对块体 7、8、9 及上部顺槽煤柱产生影响，右侧煤体的应力集中现象也不明显。

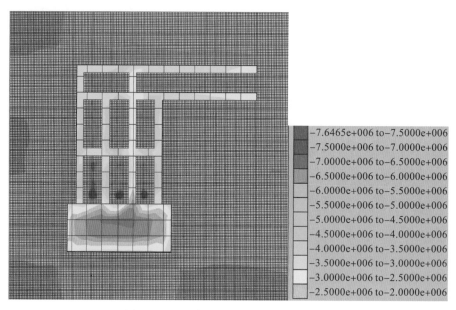

图 4-6　OXY 剖面(z=4m)煤柱应力云图

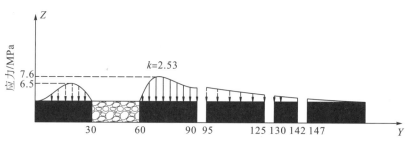

图 4-7　OYZ 剖面支承压力分布图

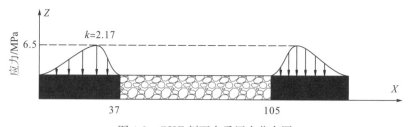

图 4-8　OXZ 剖面支承压力分布图

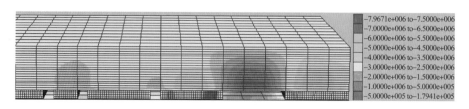

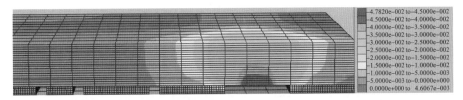

图 4-9　OYZ 剖面($X=71$m 采空区中部)煤柱应力及位移云图

块体 1、2、3 开采后,在 OYZ 剖面上可以更加直观地看到块体 4、5、6 上的应力集中出现在块体的两端。1、2、3 块体开采后的位移影响范围基本在 4、5、6 块体 30m 范围内。采空区内的最大下沉位移 48mm,4、5、6 块体左右两端的下沉位移为 5mm 和 30mm。

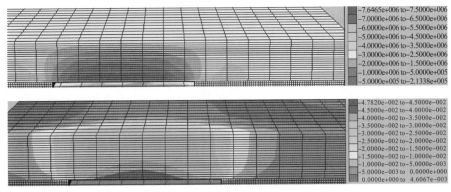

图 4-10　OXZ 剖面($Y=45$m 采空区中部)煤柱应力及位移云图

块体 1、2、'3 开采后,在 OXZ 剖面上可以看到块体 1、2、3 两侧的应力集中系数约为 2.17。X 方向上,1、2、3 块体开采后的位移影响范围基本在 25m 左右范围内,右侧煤体平均下沉位移为 12mm。

2. 块体 4、5、6 开采

块体 4、5、6 随之开采完毕后,在 7、8、9 块体的下端会造成明显的应力集中现象,最大集中应力达到 10MPa,施加的原岩应力为 3MPa,最大的应力集中系数为 3.33。块体 1~6 开采后基本不会对上部顺槽煤柱产生影响,右侧煤体的应力集中现象也不明显。

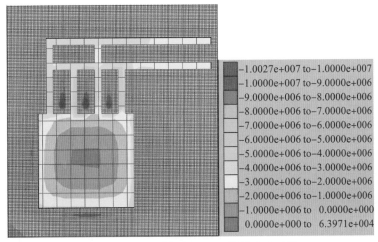

图 4-11　OXY 剖面($z=4$m)煤柱应力云图

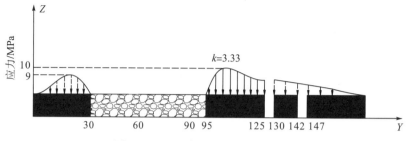

图 4-12　OYZ 剖面支承压力分布图

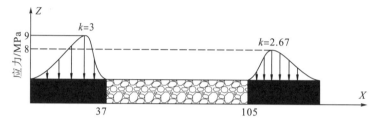

图 4-13　OXZ 剖面支承压力分布图

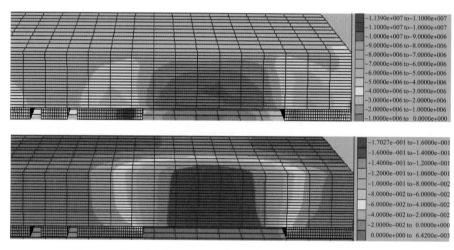

图 4-14　OYZ 剖面(X=71m 采空区中部)煤柱应力及位移云图

　　块体 4、5、6 开采后，在 OYZ 剖面上可以看到采空区左侧的应力集中大于右侧。4、5、6 块体开采后的位移影响范围基本在 7、8、9 块体往左 25m 内。采空区内的最大下沉位移 170mm，7、8、9 块体左右两端的下沉位移为 20mm 和 120mm。

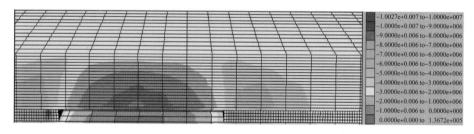

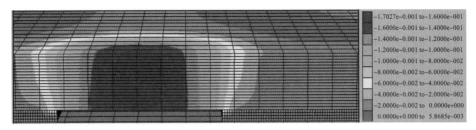

图 4-15 OXZ 剖面($Y=60$m 采空区中部)煤柱应力及位移云图

块体 1~6 开采后，在 OXZ 剖面上可以看到采空区两侧出现轻微的应力集中，右侧应力集中为 6~7MPa，集中系数为 2.0~2.3。X 方向上，1~6 块体开采后的位移影响范围基本在 15m 左右，右侧平均下沉位移为 50mm。

3. 块体 7、8、9 开采

块体 7、8、9 进一步开采完毕后，在 7、8、9 块体的剩余煤柱和顺槽中间煤柱的中部出现明显的应力集中现象，最大集中应力达到 12.8MPa，施加的原岩应力为 3MPa，最大的应力集中系数为 4.27。块体 1~9 开采后已经开始对上部顺槽煤柱产生影响。

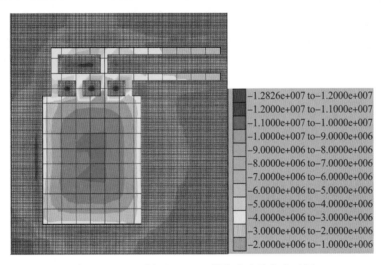

图 4-16 OXY 剖面($z=4$m)煤柱应力及位移云图

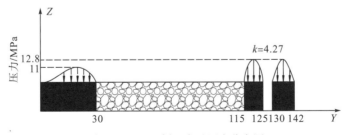

图 4-17 OYZ 剖面支承压力分布图

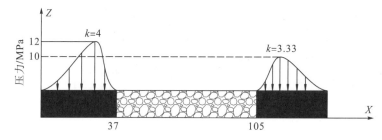

图 4-18 *OXZ* 剖面支承压力分布图

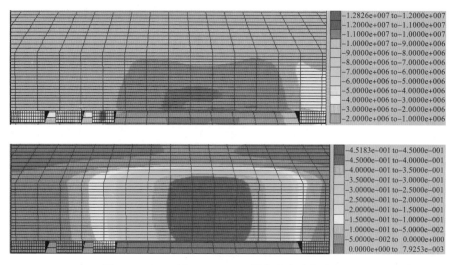

图 4-19 *OYZ* 剖面(*X*=71m)煤柱应力及位移云图

　　块体 7、8、9 开采后，在 *OYZ* 剖面上可以看到剩余煤柱和顺槽煤柱的应力集中基本出现在中间部位。7、8、9 块体开采后的位移影响范围基本在 7、8、9 块体往左 20m 内，可见随着开采面积的逐步增大，位移影响区间逐渐缩小。采空区内的最大下沉位移达到 450mm，剩余煤柱和顺槽煤柱的平均下沉位移分别为 170mm 和 75mm。

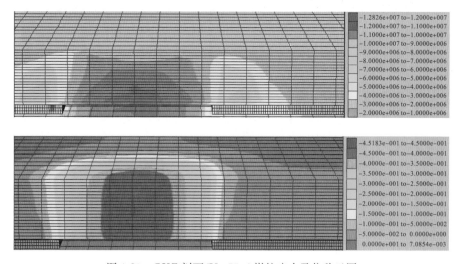

图 4-20 *OXZ* 剖面(*Y*=75m)煤柱应力及位移云图

　　块体 1～9 开采后，X 方向上，采空区左侧的应力集中程度大于右侧，位移影响范围缩小在 10m 左右。

　　4. Ⅰ区段左侧顺槽煤柱开采

　　左侧顺槽煤柱开采后，Ⅰ区段的煤层块体全部开采完毕。采空区左侧的应力集中程度最大，最大应力为 16.3MPa，集中系数达到 5.43。采空区右侧集中应力为 14MPa 左右，集中系数为 4.67。采空区上下两侧的应力集中系数也在 4.7 左右。

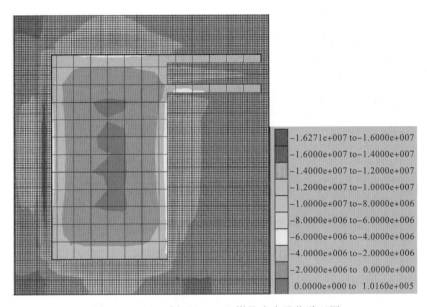

图 4-21　OXY 剖面($z=4$m)煤柱应力及位移云图

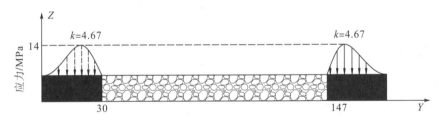

图 4-22　OYZ 剖面支承压力分布图

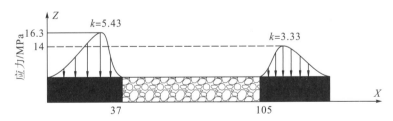

图 4-23　OXZ 剖面支承压力分布图

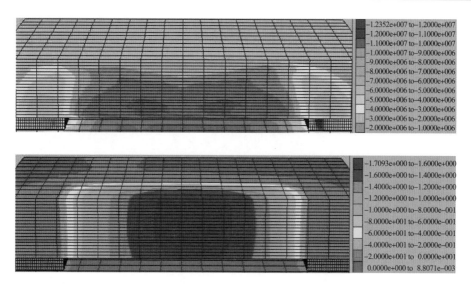

图 4-24　*OYZ* 剖面(*X*=71m)煤柱应力及位移云图

左侧顺槽煤柱开采后，*X* 方向上左右两侧的应力峰值深入煤体 5m 左右，位移影响范围进一步缩小，基本在采空区两侧 3m 范围内。采空区内的最大下沉位移达到 1700mm。

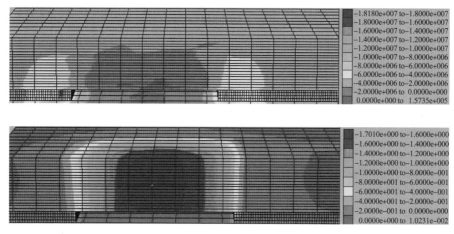

图 4-25　*OXZ* 剖面(*Y*=90m)煤柱应力及位移云图

左侧区域全部开采完毕后，*Y* 方向上，左右两侧的应力峰值深入煤体 5m 左右，采空区左侧的应力集中程度大于右侧，位移影响范围进一步缩小在 5m 内。

5. 块体 10、11 开采

块体 10、11 开采完毕后，在 12 块体的中下部出现较明显的应力集中现象，最大集中应力达到 28.9MPa，施加的原岩应力为 3MPa，最大的应力集中系数为 9.63。顺槽煤柱的左侧块体也出现应力集中现象。

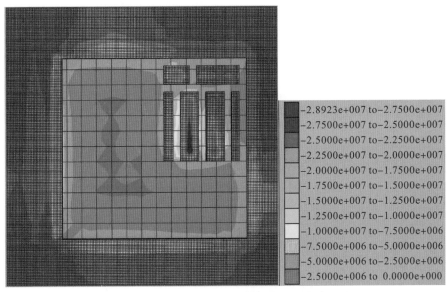

图 4-26　OXY 剖面($z=4$m)煤柱应力及位移云图

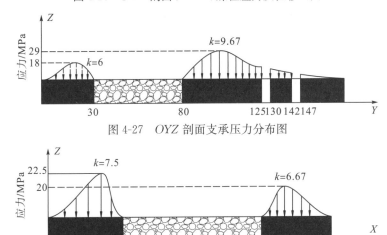

图 4-27　OYZ 剖面支承压力分布图

图 4-28　OXZ 剖面支承压力分布图

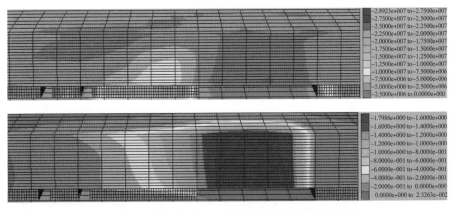

图 4-29　OYZ 剖面($X=122$m)煤柱应力及位移云图

块体 10、11 开采后，在 OYZ 剖面上可以看到 12、13 块体的应力集中基本出现在中间偏右侧。位移影响范围基本在 10、11 块体往左 30m 内，下沉位移较大，由左向右位移从 40mm 到 1000mm 发展，采空区内的最大下沉位移达到 1790mm。

6. 块体 12、13 开采

块体 12、13 开采完毕后，剩余煤柱和顺槽煤柱的中部出现较明显的应力集中现象，最大集中应力达到 28.6MPa，施加的原岩应力为 3MPa，最大的应力集中系数为 9.53。

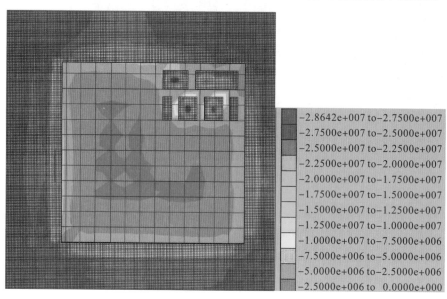

图 4-30 OXY 剖面(z=4m)煤柱应力及位移云图

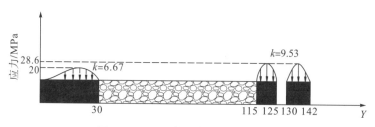

图 4-31 OYZ 剖面支承压力分布图

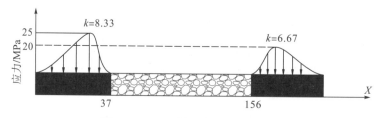

图 4-32 OXZ 剖面支承压力分布图

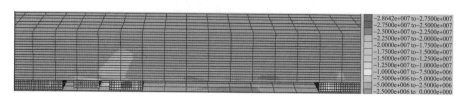

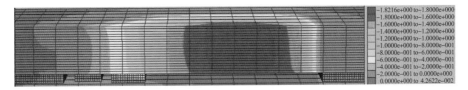

图 4-33　OYZ 剖面（$X=122\text{m}$）煤柱应力及位移云图

　　块体 12、13 开采后，在 OYZ 剖面上可以看到剩余煤柱应力集中基本出现在中间部位，应力峰值在煤柱内 10m。位移影响范围基本在 12、13 块体往左 40m 内，下沉位移较大，由左向右位移从 20mm 到 1000mm 发展，采空区内的最大下沉位移达到 1820mm。

　　7. Ⅱ区段右侧顺槽煤柱开采

　　区域内煤层块体全部开采完毕后，最大应力集中出现在区域的左侧，最大集中应力为 25.7MPa，集中系数为 8.57。右侧煤体最大集中应力为 18MPa 左右，集中系数为 6。

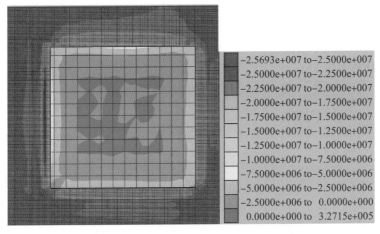

图 4-34　OXY 剖面（$z=4\text{m}$）煤柱应力云图

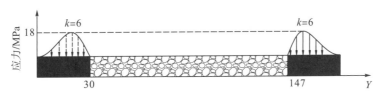

图 4-35　OYZ 剖面支承压力分布图

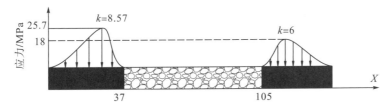

图 4-36　OXZ 剖面支承压力分布图

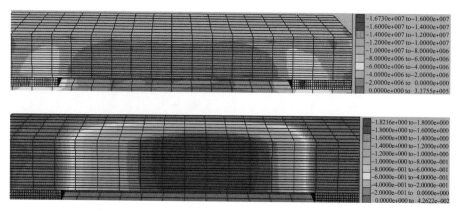

图 4-37 *OYZ* 剖面(*X*=100m)煤柱应力及位移云图

煤体全部开采后,两侧应力峰值深入煤体 6m 左右范围。*Y* 方向上,左右两侧应力集中系数约为 5.6。位移影响范围进一步缩小,采空区外部位移基本为零。采空区内的最大下沉位移达到 1800mm。

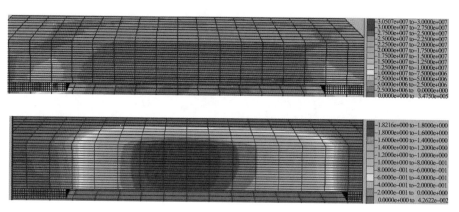

图 4-38 *OXZ* 剖面(*Y*=90m)煤柱应力及位移云图

煤体全部开采后,两侧应力峰值深入煤体 6m 左右范围。*X* 方向上,左侧应力集中程度大于右侧。位移影响范围进一步缩小,采空区外部位移基本为零。采空区内的最大下沉位移达到 1800mm。

8. 支承压力与采动面积的关系

整个开采区域内,开采顺序是从左下角向右上角进行的,因此在开采区域最右上角选择应力监测点,其坐标为 x、y、z(140,136,4),其位置位于顺槽煤柱最右侧块体的中部,如图 4-39 所示。监测所选测点随整个开采区域的增大的应力变化曲线如图 4-40 所示。

可以看出,在块体 1~9 开采过程中,监测点的应力变化不大,说明区域左侧的开采对右侧围岩应力影响较小,而从左顺槽煤柱开采过程中,监测点的应力开始出现急剧增长,最大的应力达到 15MPa 左右,应力集中系数达到 5。右顺槽煤柱开采后,测点处于采空区范围内,因而围岩应力开始急剧下降。

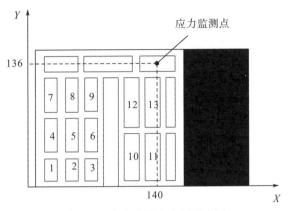

图 4-39　应力监测点坐标示意图

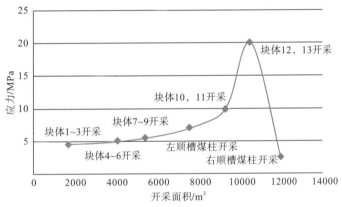

图 4-40　监测点应力随开采面积变化曲线

9. 地表下沉量

根据模拟结果，方案 1 的开采顺序中，最终地表下沉 1.0～1.2m，如图 4-41 所示。

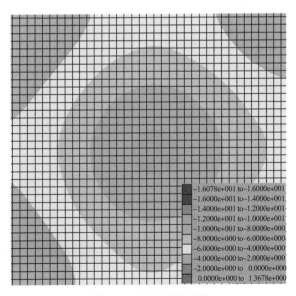

图 4-41　地表下沉云图

4.4.2　方案Ⅱ——切块前进式

方案Ⅱ开采程序宏观上与方案Ⅰ相同，采场覆岩运动呈现一致性，但采动应力场发展演化有各自独有的特征，需要单独考虑。

1. 块体1~3开采

方案1按块体1、2、3的开采顺序，在 X 方向上，先在左侧煤体出现应力集中区域，然后应力集中随着块体2、3的逐渐开采而逐渐向右侧发育；方案2按块体3、2、1的开采顺序，在 X 方向上，应力集中区域的发育与方案一相反，先在右侧煤体出现应力集中区域，然后应力集中随着块体2、1的逐渐开采而逐渐向左侧发育；块体1~3全部开采完毕后，两个方案的应力分布状态完全相同，如图4-42所示。

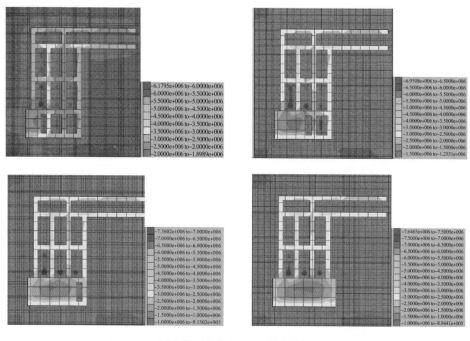

(a)方案1(块体1、2、3开采顺序)

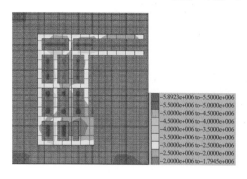

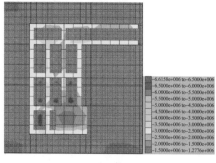

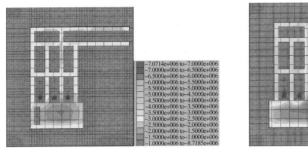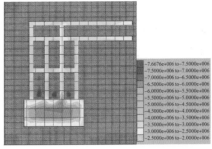

(b)方案 2(块体 3、2、1 开采顺序)

图 4-42　*OXY* 剖面(*z*＝4m)煤柱应力云图(块体 1～3)

2. 块体 4～6 开采

方案 1 按块体 4、5、6 的开采顺序继续开采，在 *X* 方向上，先在左侧煤体以及块体 5、7 的区域出现应力集中区域，然后应力集中随着块体 5、6 的逐渐开采而逐渐向右侧发育；方案 2 按块体 6、5、4 的开采顺序，在 *X* 方向上，先在右侧煤体及块体 5 上出现应力集中区域，然后应力集中随着块体 5、4 的逐渐开采而逐渐向左侧和上部煤体发育；块体 4～6 全部开采完毕后，两个方案的应力分布状态完全相同，如图 4-43 所示。

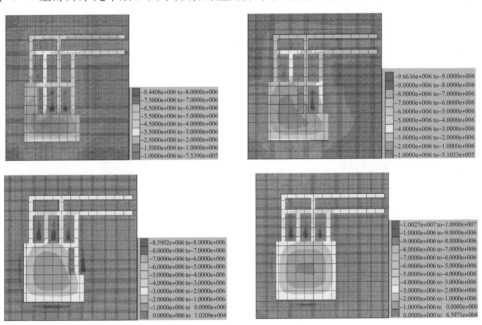

(a)方案 1(块体 4、5、6 开采顺序)

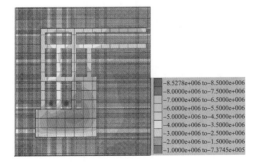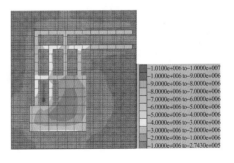

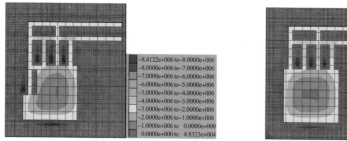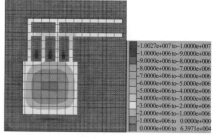

(b)方案 2(块体 6、5、4 开采顺序)

图 4-43　　OXY 剖面($z=4\text{m}$)煤柱应力云图(块体 4～6)

3. 块体 7～9 开采

7～9 块体的开挖情况和上面两种情况相似，两个方案的应力集中区域发育的方向是相反的，但在三个块体全部开采完毕后的应力分布状态和集中系数完全一致，如图 4-44所示。

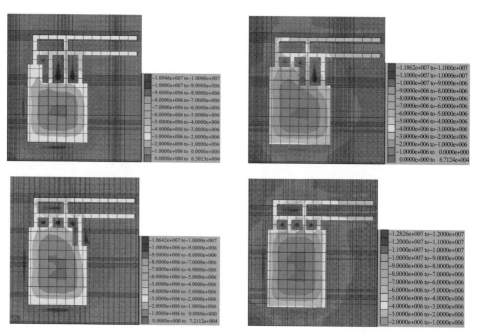

(a)方案 1(块体 7、8、9 开采顺序)

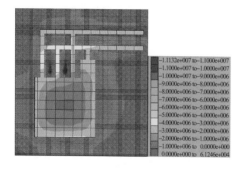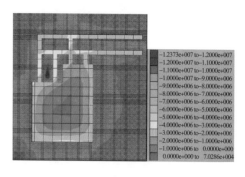

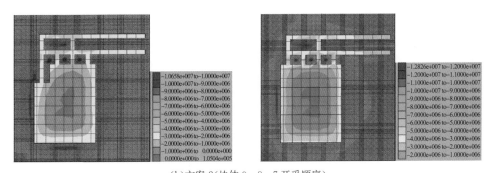

(b)方案 2(块体 9、8、7 开采顺序)

图 4-44　OXY 剖面($z=4$m)煤柱应力云图块体 7~9

4. 块体 10~11 开挖

块体 10~11 的开采顺序影响中间煤柱的破坏状态，在方案 1 中，由于开采顺序是从块体 10 向 11 的方向开采，中间煤柱先开采，不会造成较大的应力集中和破坏；而方案 2 中，块体 10 左侧的煤柱是最后开采的，开采时两侧均已发育成采空区域，所以应力集中现象较为严重，超过煤柱的极限强度，其承载能力降低，出现孤岛煤柱现象，较大的应力会使中间煤柱出现大面积的破坏而影响开采的安全性，如图 4-45 所示。

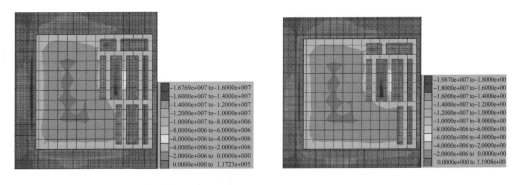

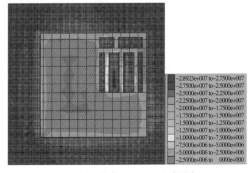

(a)方案 1(块体 10、11 开采顺序)

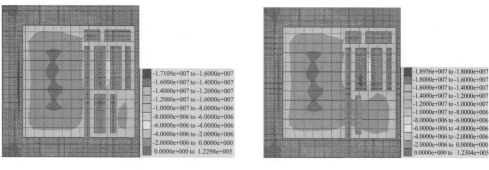

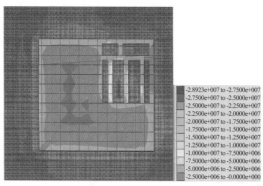

(b)方案2(块体11、10 开采顺序)

图 4-45　OXY 剖面(z＝4m)煤柱应力云图(块体 10~11)

5. 块体 12~13 及顺槽开挖

12~13 块体的开采顺序会出现与 10~11 块体开采时一样的问题，中间煤柱会由于较大的应力集中而提前发生破坏，影响开采的安全性，如图 4-46 所示。所以综合分析方案 1 和方案 2 的应力状态分布，认为方案 1 的开采是相对较为安全的。

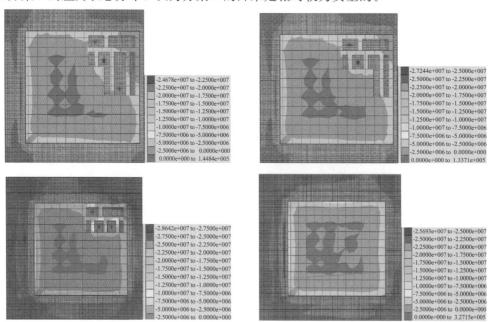

(a)方案1(块体 12、13 开采顺序)

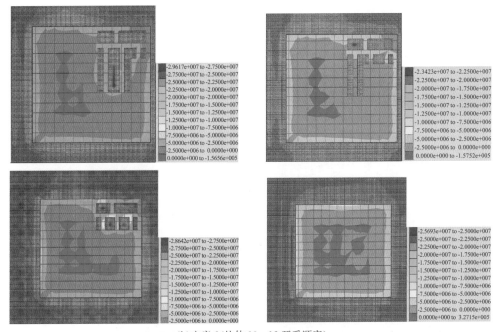

(b)方案 2(块体 13、12 开采顺序)

图 4-46 *OXY* 剖面(*z*＝4m)煤柱应力云图(块体 12~13)

6. 地表下沉量

根据模拟结果,方案 2 的开采顺序中,最终地表下沉 1.0~1.2m(图 4-47)。

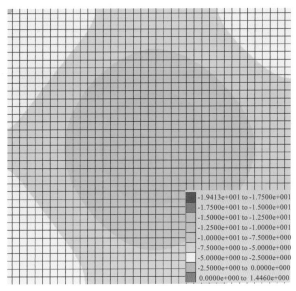

图 4-47 地表下沉云图

4.4.3 方案Ⅲ——支巷后退式

1. 支巷 1 开采

支巷 1 开采后,*X* 方向上应力集中区域主要集中在块体 2、5、8 的上下两端,最大集中应力 6.72MPa，集中系数为 2.24。块体 1、4、7 剩余的部分已经发生塑性破坏，应力集中系数降低。X 方向位移影响范围在 36m 内，靠近采空区域的最大下沉位移为 35mm（图 4-48～图 4-50）。

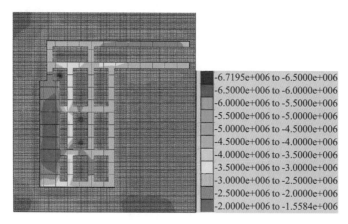

图 4-48　OXY 剖面(z＝4m)煤柱应力云图

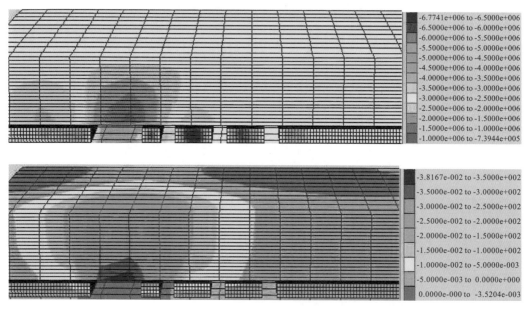

图 4-49　OXZ 剖面(Y＝65m)煤柱应力及位移云图

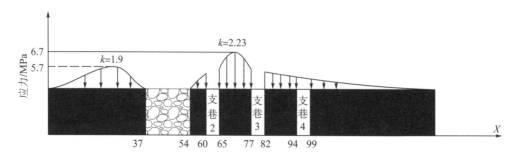

图 4-50　OYZ 剖面支承压力分布图

2. 支巷 2 开采

支巷 2 开采后，X 方向上应力集中区域主要集中在块体 3、6、9 的中部，且应力集中的范围较大，最大集中应力 9.2MPa，集中系数为 3.07，Y 方向的应力集中在剩余煤体的中部位置。块体 2、5、8 剩余的部分已经发生塑性破坏，应力集中系数降低。X 方向位移影响范围在 32m 内，靠近采空区域的最大下沉位移为 80mm（图 4-51～图 4-53）。

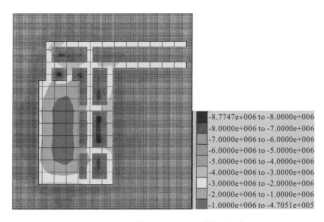

图 4-51　OXY 剖面（z＝4m）煤柱应力云图

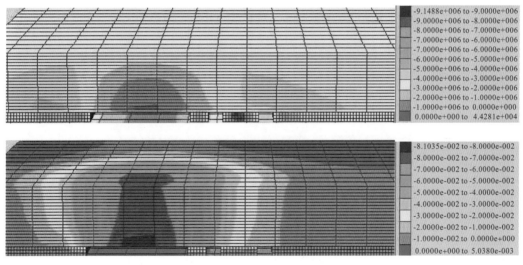

图 4-52　OXZ 剖面（Y＝65m）煤柱应力及位移云图

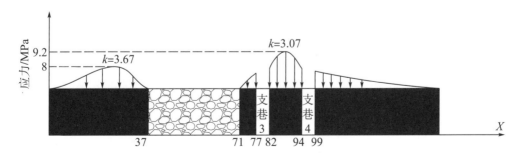

图 4-53　OYZ 剖面支承压力分布图

3. 支巷 3 开采

支巷 3 开采后，X 方向上应力集中区域主要集中在最右侧的煤柱内部，深入煤壁 5m 左右。最大集中应力 10.7MPa，集中系数为 3.57，Y 方向的应力集中在剩余煤体的中部位置。块体 3、6、9 剩余的部分已经发生塑性破坏，应力集中系数降低。X 方向位移影响范围进一步缩小在 20m 内，靠近采空区域的最大下沉位移为 120mm（图 4-54～图 4-56）。

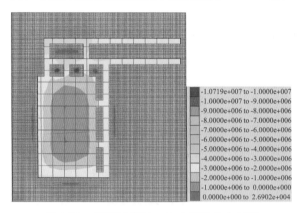

图 4-54　OXY 剖面($z=4$m)煤柱应力云图

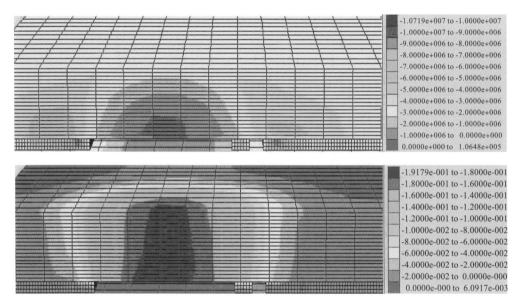

图 4-55　OXZ 剖面($Y=65$m)煤柱应力及位移云图

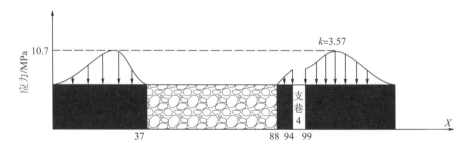

图 4-56　OYZ 剖面支承压力分布图

4. 支巷 4 开采

支巷 4 开采后，X 方向上右侧煤体应力集中区域深入煤壁 5m 左右，最大集中应力 12.8MPa，集中系数为 4.27，Y 方向的应力集中在剩余煤体的中部位置。X 方向位移影响范围进一步缩小在 10m 内，靠近采空区域的最大下沉位移为 200mm（图 4-57～图 4-59）。

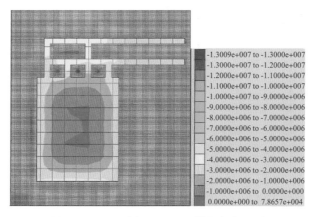

图 4-57　OXY 剖面（z=4m）煤柱应力云图

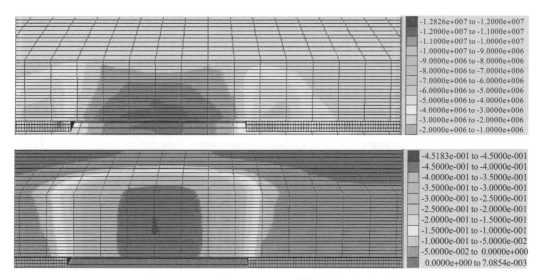

图 4-58　OXZ 剖面（Y=75m）煤柱应力及位移云图

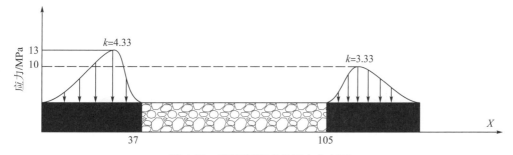

图 4-59　OYZ 剖面支承压力分布图

5. 顺槽左侧块体开采

顺槽左侧块体开采后，X 方向上右侧煤体应力集中区域深入煤壁 5m 左右，最大集中应力 12MPa，集中系数为 4。X 方向位移影响范围进一步缩小在 5m 内，靠近采空区域的最大下沉位移为 600mm（图 4-60～图 4-62）。

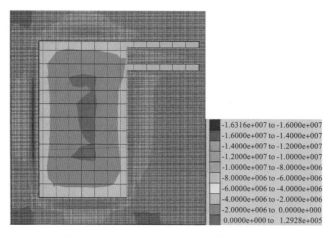

图 4-60　OXY 剖面（$z=4\text{m}$）煤柱应力云图

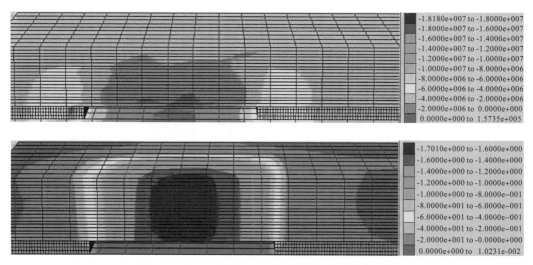

图 4-61　OXZ 剖面（$Y=90\text{m}$）煤柱应力及位移云图

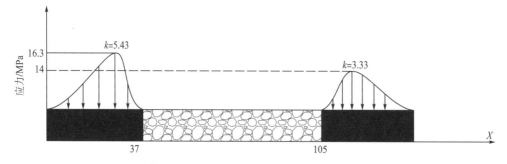

图 4-62　OXZ 剖面支承压力分布图

6. 支巷 5 开采

支巷 5 开采后，X 方向上应力集中区域主要集中在块体 11、13 中部，且应力集中的范围较大，最大集中应力 18MPa，集中系数为 6，Y 方向的应力集中在剩余煤柱和顺槽煤柱的中部位置。块体 10、11 剩余的部分已经发生塑性破坏，应力集中系数降低。X 方向位移影响范围在 10m 内，靠近采空区域的最大下沉位移为 500mm（图 4-63～图 4-65）。

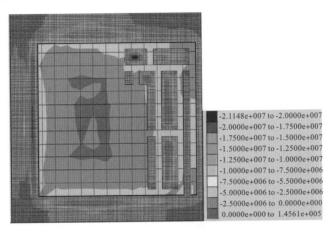

图 4-63　OXY 剖面（z=4m）煤柱应力云图

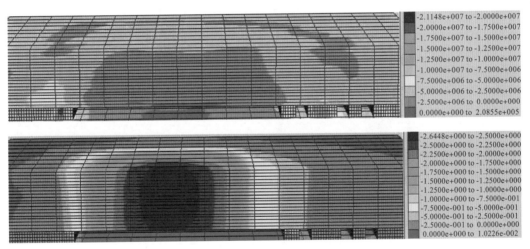

图 4-64　OXZ 剖面（Y=90m）煤柱应力及位移云图

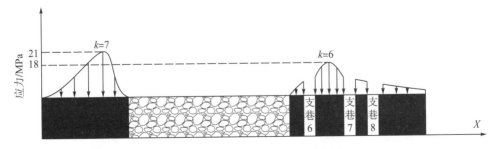

图 4-65　OXZ 剖面支承压力分布图

7. 支巷 6 开采

支巷 6 开采后，X 方向上应力集中区域主要集中在最右侧煤体的内部，应力峰值深入煤壁 5m 左右，最大集中应力 20MPa，集中系数为 6.7，Y 方向的应力集中在剩余煤柱和顺槽煤柱的中部位置。采空区和右侧煤体中间的煤柱已经发生塑性破坏，应力集中系数降低。X 方向位移影响范围在 10m 内，靠近采空区域的最大下沉位移为 7500mm（图 4-66～图 4-68）。

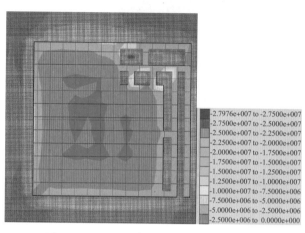

图 4-66　OXY 剖面(z=4m)煤柱应力云图

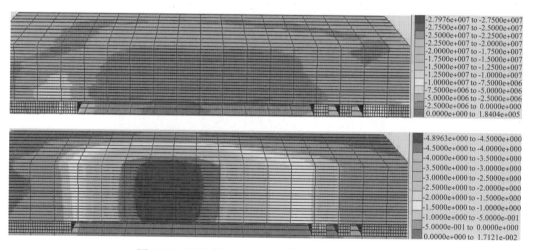

图 4-67　OXZ 剖面(Y=90m)煤柱应力及位移云图

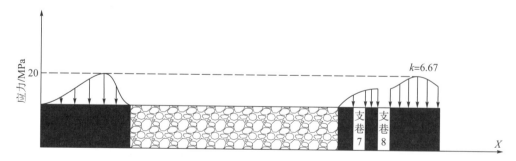

图 4-68　OXZ 剖面支承压力分布图

8. 支巷 7 开采

支巷 7 开采后，X 方向上应力集中区域为最右侧煤体的内部，应力峰值深入煤壁 5m 左右，最大集中应力 22.5MPa，集中系数为 7.5，Y 方向的应力集中在剩余煤柱和顺槽煤柱的中部位置，最大集中应力 29MPa，集中系数为 9.67。X 方向位移影响范围在 0m 内，靠近采空区域的最大下沉位移为 50mm(图 4-69～图 4-71)。

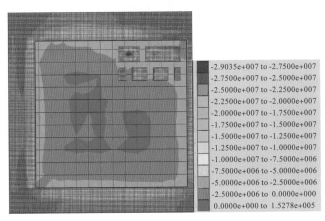

图 4-69　OXY 剖面($z=4$m)煤柱应力云图

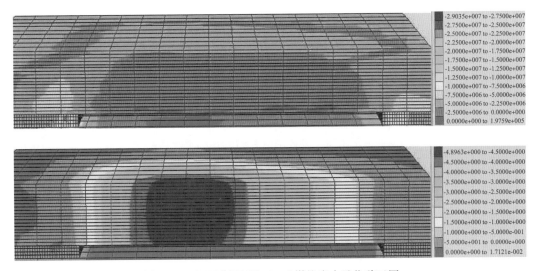

图 4-70　OXZ 剖面($Y=90$m)煤柱应力及位移云图

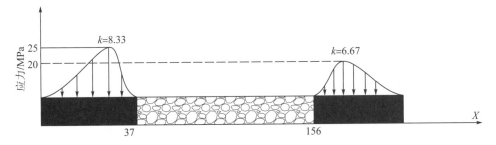

图 4-71　OXZ 剖面支承压力分布图

9. 顺槽右侧块体开采

顺槽右侧煤体开采完毕后，X 方向上右侧煤体内应力峰值深入煤壁 5m 左右，应力集中在 20MPa 左右，集中系数为 6.67（图 4-72~图 4-73）。

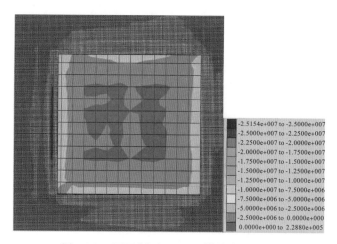

图 4-72　OXY 剖面($z=4$m)煤柱应力云图

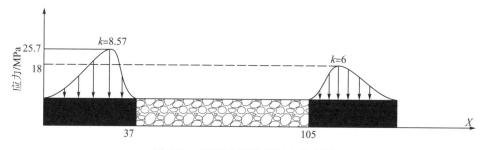

图 4-73　OXZ 剖面支承压力分布图

10. 支承压力与采动面积的关系

方案 3 中整个开采区域内，开采是沿着从左向右的顺序进行的，监测点随整个开采区域的增大、其应力变化情况如图 4-74 所示。

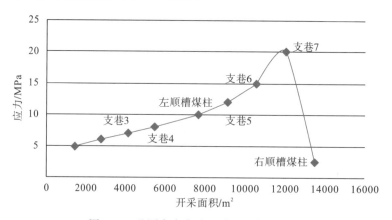

图 4-74　监测点应力随开采面积变化曲线

可以看出，相比于方案 1、2，监测点的应力从支巷 1 开采开始就在持续增加，至开采到支巷 7 时达到最大值，右顺槽煤柱开采后，测点处于采空区范围内，因而围岩应力开始急剧下降。方案 3 的开采顺序从左侧开采初期就会影响整个区域的应力变化，影响范围较大，因此是不合理的。

11. 地表下沉量

根据模拟结果，方案 3 的开采顺序中，最终地表下沉量也是 1.0~1.2m。

综合比较分析方案 1 和方案 3 可以发现，方案 1 和方案 3 由于开采造成的应力集中程度和煤柱的下沉位移相当。但是方案 3 中一次开采块体的长度较大，应力集中一般发生在相隔块体内部，而不是出现在临近块体的位置。而紧邻采空区的块体在压力重新分布及较大的应力集中过程中发生了塑性破坏，不利于安全开采。因此分析认为短壁连采模式的方案 1 是最佳的开采方案(图 4-75)。

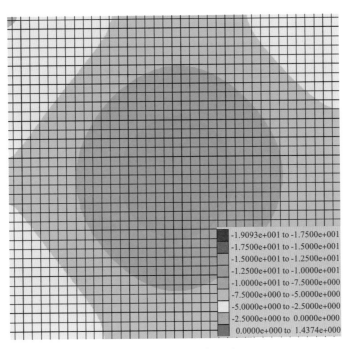

图 4-75　地表沉陷云图

4.5　本章小结

通过采用 FLAC3D 有限差分数值模拟软件，对顶板全垮落法短壁连采采场覆岩运动与采动应力场演化过程进行了数值模拟，主要得到以下结论：

(1)切块后退式、切块前进式、支巷后退式三种开采方案下，极限回采面积没有大的波动，基本顶基本保持在 8526m²，覆岩极限垮落面积即关键层保持在 14391m²。

(2)切块后退式回采时，第 I 区段(块体 1~9 和顺槽左侧煤柱区域)开采完毕后，开采区域左侧煤体集中应力峰值系数为 5.3，峰值在煤壁内 5m 左右，煤壁易发生片帮现象，而由于右侧煤柱内部依然存在弹性核区，煤柱是稳定的，可以继续回采Ⅱ区块而不用留设Ⅰ、Ⅱ区块之间的小煤柱。

第Ⅱ区段（块体10～13和顺槽煤柱区域）采完后，整个设计开采区域全部开采完毕。最大的应力集中出现在区域的左侧，为25.7MPa。右侧煤体最大集中应力为18MPa左右。

切块前进式回采四周煤柱上的最终应力分布与后退式方案相同，只是会影响中间隔离煤柱的应力，支巷后退式方案随着从支巷1至支巷7的逐渐开采，周围煤体在走向和侧向上的应力集中程度也是逐渐增大的。

（3）通过对三个方案的综合比较，认为方案1的开采顺序是较为合理的，无论是对于顺槽煤柱、中间煤柱以及对整个开采区域的应力集中的影响都是最小的。前进式开采方案（方案2）中，开采过程中中间煤柱应力集中程度较大，超过了煤体的极限强度，煤柱会发生全宽度上的塑性破坏，会造成煤壁严重片帮，给开采带来较大安全隐患。而支巷后退式方案（方案3）的采动影响范围大，应力集中程度高，顶板一次垮落面积较大，安全性较差。因此建议采用方案1的开采顺序。

（4）三个方案开采完成后，最终稳定的地表下沉量为1～1.2m，究其原因在于采空区矸石垮落后接顶效果较好，及时对顶板起到了支撑作用。

第5章　短壁连采覆岩组合运移规律相似材料模拟研究

相似材料物理模拟研究是苏联学者兹涅佐夫提出的以相似理论为基础的模型实验研究方法，是利用事物或现象间存在的相似和类似等特征来研究自然规律的一种方法。它涵盖了物理实验、力学实验、模型实验直到工程实践等几大部分，是矿业及岩土工程领域中一项重要的研究手段。

矿山岩体的属性及其运动规律是极其复杂的过程，在矿山开采过程中，关于岩层的动态运动过程与变形特征很难通过直观的观察得到，这给采矿工程问题的理论研究与实测工作带来极大的困难。现场进行开采覆岩形变演化研究需要较多的人力、物力，付出的工作量很大，耗时多、周期长、费用大，而覆岩的变化过程和内应力作用情况都不可能直接观测到，在观测时又经常受到生产活动的影响，难以取得较好的成果。因此，通过在室内实验室利用工程相似材料模拟手段来再现开采过程，已经成为研究采场覆岩内在运移规律的一种重要手段。

相似材料模拟实验研究的实质是采用与原始地层结构的物理力学性质相似的人工材料，按几何相似参数、运动相似常数、动力相似常数及相似指标和相似判据，将原型缩成一定比例的研究模型，通过研究这种缩小的模拟地层结构来研究分析地下煤层的开采引起的覆岩与地表移动、变形和破坏规律。在保证模型与原型初始状态和边界条件相似的情况下，按照一定的开挖方法对模型进行模拟开采，同时观测覆岩在开采过程中的断裂、弯曲、移动与变形规律，然后按照相似指标将模型得到的观测结果推算到原型上去，确定原型的破坏、移动和变形规律。

但是，相似材料模拟方法也有一定的局限性，现场岩体力学及矿山压力的活动规律、变形特征及应力场分布状态等都是极其复杂的，弱面、层理、节理及断层等地质构造较多，发育形态不同，直接影响了矿山压力的活动规律。因此，物理模拟方法必须与现场实测、理论分析、计算机模拟等方法相互配合使用，方可达到预期的效果。

5.1　相似材料模拟实验目的

本次实验采用二维相似材料模拟的方法，以榆家梁煤矿 42209 短壁连采工作面为地质原型，模拟研究厚松散层薄基岩条件下，短壁连采面覆岩顶板的动态运移规律及煤壁前方应力场分布状态，实验的目的主要包括：

(1)随短壁连采区域范围的逐渐增大，直接顶的运动规律与极限运动步距。

(2)随着工作面的开采，由两层坚硬顶板及中间软弱夹层组成的单一关键层结构的运动规律及极限运动步距。

(3)覆岩关键层断裂时，推算短壁工作面开采区域的极限悬顶面积。

(4)随工作面的推进，采煤工作面前方煤壁内的应力场分布状态，为采区之间确定区段煤柱的合理留设宽度奠定基础。

由于实验采用的二维模型,因此仅研究开采区域沿走向方向逐渐扩大时顶板的运动规律与极限步距,而不涉及支巷方向上推采时顶板的运动。根据模拟结果确定顶板的极限步距后,与支巷长度的乘积即为整个开采区域的极限悬顶面积。

5.2　相似材料模拟实验原理

相似材料模拟实验拟采用与模拟岩层物理性质相似的材料,依据矿山的实际原型状况,按着一定的比例缩小制备成物理模型,并在实验模型中模拟连采工作,观察模型的基本变形、位移、破坏和岩层移动等。相似材料模拟实验理论上必须遵守相似 π 定理、相似正定理和相似逆定理,并通过相似三定理确保与原型的相似性,从而达到推断原型状态的目的。但实际实验过程中,由于实验条件的制约,严格满足相似三定理存在一定难度,因此相似材料模拟设计过程中,必须要简化模型,保持主要条件相似即可。

模型与原型之间的相似原则主要有以下几类:

5.2.1　几何相似

几何相似即保证原型与模型在几何形状上成比例。几何相似常数为

$$a_l = l_\mathrm{p}/l_\mathrm{m} \tag{5-1}$$

式中,a_l——表示几何相似常数;

l_p——表示原型线性尺寸;

l_m——表示模型线性尺寸。

5.2.2　容重及强度相似

容重相似:

$$C_\gamma = \gamma_\mathrm{m}/\gamma_\mathrm{p} \tag{5-2}$$

式中,γ_m——模型容重;

γ_p——原型容重。

强度相似:

$$C_\sigma = C_\gamma \cdot C_l \tag{5-3}$$

5.2.3　初始动力状态相似

即要求原型与模型所受到的外力作用相似,对于模拟岩层来说,作用力主要体现为地层内的原岩重力。由于岩体是结构体和结构面的统一,所以岩体的结构性和结构面的分布情况与其力学特性要在模型上得以充分考虑,使之满足与原型相似的要求。

$$a_m = M_\mathrm{p}/M_\mathrm{m} = (l_\mathrm{p}^3\rho_\mathrm{p})/(l_\mathrm{m}^3\rho_\mathrm{m}) = a_l^3 a_\rho \tag{5-4}$$

式中,a_m、a_ρ——分别表示质量和密度相似常数;

M_p、ρ_p——分别表示原型的质量和密度;

M_m、ρ_m——分别表示模型的质量和密度；

根据牛顿第二定律，则有

$$\alpha_F = F_p/F_m = (M_p\alpha_\rho)/(M_m\alpha_m) = \alpha_m\alpha_a = \alpha_\gamma\alpha_l^3 \tag{5-5}$$

$$\alpha_\gamma = \gamma_p/\gamma_m = (\rho_p\alpha_\rho)/(\rho_m\alpha_m) = \alpha_\rho\alpha_a \tag{5-6}$$

式中，α_F、α_γ——分别表示力和容重相似常数；

F_p、r_p——分别表示原型作用力和容重；

F_m、r_m——分别表示模型作用力和容重。

5.2.4 边界条件相似

边界条件相似就要求模型与原型在边界接触面处位移和应力状态保持一致，对于采用平面应力模拟的二维模型进行模拟时，应选取采区移动盆地主端面为研究对象。

5.2.5 时间相似常数

工作面在推进过程中，采动范围不断变化，因此模型属于动态模型，需要满足时间相似要求，计算公式为

$$C_t = T_m/T_p = \sqrt{C_L} \tag{5-7}$$

式中，T_m——模型推进过程时间；

T_p——原型推进过程时间。

在本次相似模拟实验中，几何相似、容重相似、强度相似是最主要的。因此在考虑边界条件相似和初始条件相似的前提下，主要满足几何、容重及强度相似准则。

5.3 实验模型设计

5.3.1 相似参数的确定

相似材料实验模拟原型为神东公司榆家梁煤矿 42209 短壁连采工作面。该工作面所在区内地质构造简单，无断层褶曲等。工作面直接顶岩性为灰色、浅灰色泥岩，泥质结构，水平层理及微波状层理，具滑面，整体性较强，厚度 6.1m；老顶为细沙岩，浅灰色，中厚层，泥质胶结，水平及波状层理，厚度 3.69m。底板为粉砂质泥岩，深灰色、灰色，中厚层状，致密半坚硬，水平层理发育，具有滑面。煤岩的地质力学性质见表 5-1。

表 5-1　榆家梁矿 4^{-2} 煤顶板力学参数

地层	厚度 h/m	泊松比 μ	抗压强度 σ_γ/MPa	抗拉强度 σ_t/MPa	弹性模量 E/GPa	密度 ρ/(kg/m³)
表土层	80	0.4	0	0	9	1600
粉砂岩	5.59	0.23	41.2	13	38	2400

地层	厚度 h/m	泊松比 μ	抗压强度 σ_γ/MPa	抗拉强度 σ_t/MPa	弹性模量 E/GPa	密度 $\rho/$ (kg/m^3)
泥砂互层(泥岩)	2.75	0.28	31.9	10	28	2400
基本顶(粉砂岩)	3.69	0.23	41.2	15	40	2400
直接顶(泥岩)1	4.3	0.3	31.9	9	20	2400
直接顶(泥岩)2	1.8	0.3	31.9	9	20	2400

依据相似理论并结合实际实验模型确定相似常数如下:

(1)几何相似常数:物理模拟实验室中使用的模型架尺寸为长×宽×高＝190cm×22cm×180cm,其中高指的是最大有效高度。本次实验为模拟上覆岩层及矿山压力的影响作用,需将模型上部加载作为应力补偿。几何相似常数取 $a_l=60$。

强度相似:

$$C_\sigma = C_\gamma \cdot C_l \tag{5-8}$$

(2)容重相似常数:根据选择的模拟材料特性及配比实验,取容重相似常数如下

$$C_\gamma = \gamma_p/\gamma_m = 2.4/1.5 = 1.6$$

(3)强度相似常数:由关系式 $C_\sigma = C_\gamma \cdot a_l$ 求得 $C_\sigma = 96$。

根据煤岩实际强度,求得模拟材料所有强度指标见表5-2。

表5-2　模拟材料强度指标

参数	粉砂岩	泥沙岩互层	泥岩	煤层	粉砂质泥岩
a_l	60	60	60	60	60
$\gamma_m/(kN/m^3)$	16	15	15	13.5	15
抗压强度/kPa	429	381	332	365	332
抗拉强度/kPa	156	130	104	49	104

5.3.2　相似材料配比

根据原型煤岩层的基本数据,以砂子为骨料,石膏、碳酸钙为黏结材料铺设模型;根据铺设岩层的抗压强度选择配比号,再根据模型的大小及岩层厚度计算出砂子、石膏、碳酸钙和水的用量。模型各分层材料的用量可用下式进行计算。

$$Q = l \times b \times m \times \rho_m \times k \tag{5-9}$$

式中,l——平面模型的长度,m;

b——模型的宽度,m;

m——模型的分层厚度,m;

ρ_m——相似材料的质量密度,kg/m^3;

k——材料损失系数,取1.1。

铺设过程中为达到物理现象相似,对各实验参数进行一定的调整,以求达到最佳效果。表5-3为模型配比用料及铺设层次(水的质量是按照材料总和的10%计算得到)。

表 5-3 模型配比用料及铺设层次

层号	岩性	实际厚度/m	模拟厚度/cm	配比	容重/(g/cm³)	材料用量/kg			
						沙子	碳酸钙	石膏	水
R7	表土层	80	133	873	1.2	652	57	24.5	73.4
R6	粉砂岩	5.6	9.4	446	1.6	55.3	5.53	8.3	6.9
R5	泥－砂岩互层	2.76	4.6	646	1.5	27.2	1.8	2.72	3.2
R4	粉砂岩	3.69	6.2	446	1.6	36.5	3.65	5.48	4.56
R3	泥岩	4.3	7.2	655	1.5	42.6	3.55	3.55	4.97
R2	泥岩	1.8	3	655	1.5	17.7	1.48	1.48	2.1
R1	煤 4^{-2}	4.2	7	561	1.35	38.2	4.58	0.76	4.35
D1	粉砂质泥岩	3	5	646	1.5	29.6	1.97	2.96	3.45

二维仿真实验台岩层结构剖面如图 5-1 所示。

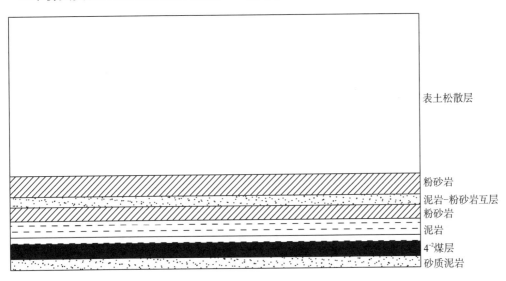

图 5-1 岩层结构图

5.3.3 模型监测设计

5.3.3.1 位移观测

在模型表面布置宽×高为 10cm×10cm 的岩层平面位移监测网格观测坐标系,观测两层关键层 R4、R6 粉砂岩层的下沉位移,网格交点处用大头针固定十字线的圆心纸作为位移观测点,大头针位于圆心处。实验过程中采用钢尺测量各点的位移变化情况。

5.3.3.2 应力观测

主要观测煤层中随着开采范围的增大其煤壁前方一定范围内的应力变化规律,以此判断煤体的破坏情况以及确定区段间煤柱的合理留设宽度。

实验中采用 BW 型箔式微型应力传感器，本产品是具有较高精度的接触应力传感器，是用于研究结构物与解质间应力的重要测试元件，广泛适用于室内模型实验的应力量测。在一定条件下，也可用于工程中的水、土、气体压力测量。其结构如图 5-2 所示。

主要技术指标有：

(1)规格(MPa)：0.03、0.05、0.1、0.2、0.3、0.4、0.5、0.8、1.0。

(2)满量程输出($\mu\varepsilon$)：800~1200。

(3)桥路电阻(Ω)：350。

(4)外形尺寸：$\Phi28\times5$、$\Phi16\times5$mm。

图 5-2　HC-1204 应力传感器

其性能特点为：超薄、体积小、稳定性好、密封性好。

传感器布置：在煤层中间布置一层应力测点，测点每隔 10cm 布置一个，沿煤层走向方向上共布置 13 个测点，左起顺序编号依次为 1~13 号，用来测定在开挖过程中围岩应力的变化情况。其具体布置方案如图 5-3 所示。

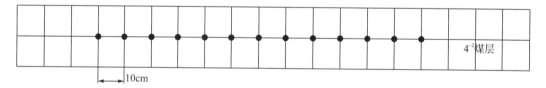

图 5-3　测点布置示意图

5.3.4　模型制作

模型的铺设制作过程如下：

(1)用墨绳在反面模版内侧画好煤岩层尺寸线，然后将正反面模版用螺栓安装好。

(2)按模型铺设顺序，依次称出模型各分层对每样材料的所需量，并将各种材料装进搅拌机进行搅拌。搅拌均匀后倒入已上好模版的实验架中，依照模版反面的尺寸线抹平、压实，压紧程度按所需的视密度要求。为保证材料的均匀性及取得良好的垮落效果，模拟的层状岩层最小厚度不小于 1cm，当厚度大于 3cm 时，分层铺设，分层间均匀铺设一层云母粉。否则厚度过大易造成材料上密下疏。铺设完成后在模拟煤岩层上表面均匀撒上一层云母粉，以达到模拟层面的目的。

（3）依顺序，铺设好其他岩层，直到装完为止。

（4）铺设过程中将压力传感器按照设计的位置布置在煤层中间。模型铺设完毕后，干燥并稳定 7~8d，拆掉正反两侧护板，连接好应力传感器即可按开采方案进行开挖。

（5）由于模型尺寸限制，对未能铺设的 40cm（模型尺寸）表土层，采用加铁轨的方式进行加压。

制作好的模型及压力在线监测系统如图 5-4 和图 5-5 所示。

图 5-4 相似材料模拟实验监测设备

图 5-5 相似材料模拟实验模型

5.4 短壁连采覆岩组合运动规律与支承压力分布

该物理模型于 2013 年 8 月 18 日制作完成，晾干后于 2013 年 9 月 8 日 9 点开始开挖。整个实验反映了短壁连采在煤层中随开采范围增大引起的顶板运动与来压及变形规律，是现场观测和数值模拟难以揭示的。下面结合模拟开挖结果与现场实际开采情况分析覆岩组合的动态运移规律与超前支承压力分布规律。

为避免边界效应的影响,模型从距离左侧边缘20cm处开始开挖,从初次垮落到实验结束,上覆岩层共发生六次大的破断。岩层的移动和破坏直接决定了短壁工作面的参数选取,所以下面将模型发生岩层破断时的照片与应力监测相结合来进行详细分析。

5.4.1　工作面开挖初期阶段

工作面开挖后,在直接顶初次垮落前(推采距离<50cm),围岩应力峰值基本在煤壁处,工作面在推至距应力传感器1~2cm时,传感器数值才显示开始有应力变化,随开采的推进,应力逐渐升高,应力峰值最大时为0.05MPa(经计算原岩应力为0.0175MPa),应力集中系数达到2.86。取测点2处(距开切眼20cm)应力值变化曲线如图5-6所示,工作面煤壁前方支承压力曲线如图5-7所示。

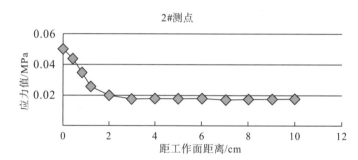

图 5-6　测点 1 处应力传感器随工作面推进的应力变化曲线

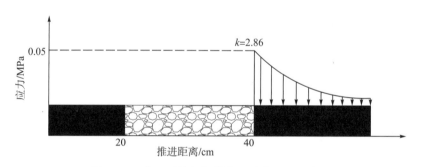

图 5-7　工作面开挖初期煤体超前支承压力曲线

由监测数据曲线可以看出,短壁连采工作面初始开采时,煤层结构较完整,没有出现塑形破坏区域,煤体处于弹性压缩状态,围岩应力高峰值在煤壁附近,没有向煤体深部转移。

当连采面推进40cm(原型24m)时,第一层直接顶泥岩出现离层,继续向前推进至50cm时,离层明显增大,并在两端煤壁处及悬露顶板中部出现纵向裂隙。此时上部基本顶砂岩也开始运动,出现明显离层现象。悬梁端部同样出现了纵向裂隙,如图5-8、图5-9所示。

图 5-8　模拟工作面推进 40cm 时直接顶出现离层

图 5-9　模拟工作面推进 50cm 时覆岩中部和端部离层及裂隙

此时 5 号测点(距开切眼 50cm)感应器在煤壁距其 2～3cm 时已经开始有读数变化，即说明相比较于前面的测点，煤壁附近的应力峰值已经向煤壁深处转移，应力峰值最大达到 0.065MPa，应力集中系数为 3.71。前五个测点应力变化与开挖距离的关系见图 5-10。由图可以看出，随空顶距的增大，煤壁处支撑压力峰值开始向煤体深部转移。

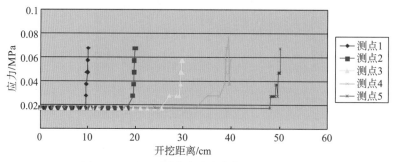

图 5-10　1～5#测点应力变化与开挖距离关系

5.4.2　直接顶初次冒落阶段

工作面继续向前推进，当开采范围增加到 53cm 时，直接顶第一层泥岩层初次垮落，垮落岩层距离煤层顶板高度 6.4cm，煤层顶板上方第二层泥岩、粉砂岩间均出现离层，切纵向裂隙发育，如图 5-11 所示。

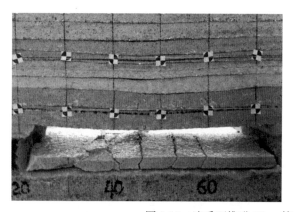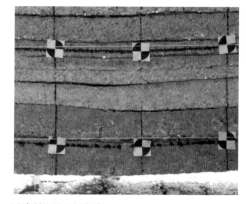

图 5-11　连采面推进 53cm 第一层直接顶初次垮落

当工作面推进 60cm 的距离时，直接顶发生第二次垮落，这次垮落直接顶泥岩全部落下，由于上部第一层坚硬岩层——砂岩岩层分层铺设的缘故，基本顶只有砂岩下分层落下，但可以看出其在水平方向上依然存在着传递力的关系，如图 5-12 所示。

在直接顶垮落之前，工作面推进至 70cm 标尺处(此时工作面已推进 50cm)时，位于 80cm 标尺处的 6 号传感器压力已经发生了变化，应力显示为 0.03MPa，开挖继续进行，直接顶初次垮落之前应力峰值达到 0.07MPa，达到应力峰值时，峰值点距工作面距离为 5～7cm，即煤体内超前工作面 3m 的位置是围岩应力达到最大的点。然后，据监测系统显示，9 月 10 日 0 点 22 分至凌晨 1 点 23 分 6 号传感器在 0.01～0.02MPa 波动，此后，压力稳定在 0.02MPa。所以据此推断直接顶泥岩断裂是在这个时段发生的。

6#测点压力变化曲线及直接顶初次垮落阶段煤体超前支承压力分布曲线如图 5-13、图 5-14 所示。

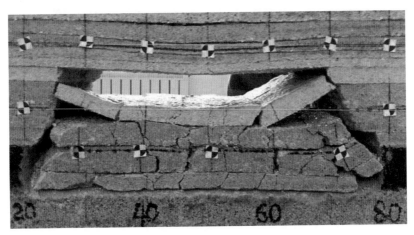

图 5-12　连采面推进 60cm 直接顶第二次垮落

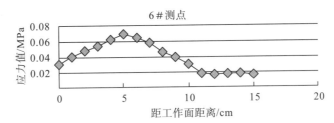

图 5-13　6#测点应力值与煤壁推进距离的关系

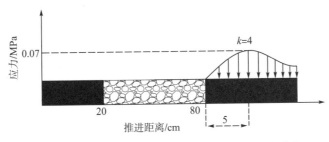

图 5-14　直接顶初次垮落阶段煤壁超前支承压力曲线

5.4.3　覆岩关键层组合初次断裂阶段

工作面继续推进过程中，上部离层裂隙沿推进方向进一步发育，在工作面推进长度达到 70cm 时，此时第一层粉砂岩(基本顶)连同上方软弱岩层同时垮落，最上方的坚硬粉砂岩层 R6 保持悬顶状态如图 5-15 所示。下分层关键层垮落后，煤壁后方直接顶依然完好，形成悬顶结构，煤壁内部一定范围内应力集中程度较高，其中应力峰值出现在煤壁前方 8 号传感器处，距煤壁 10~12cm，达到 0.09MPa，应力集中系数达到 5.14。超前支承压力分布曲线如图 5-16 所示。

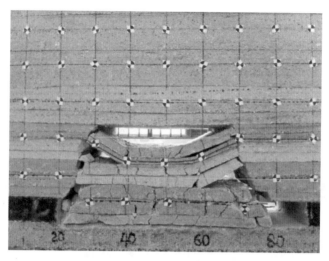

图 5-15　基本顶初次垮落

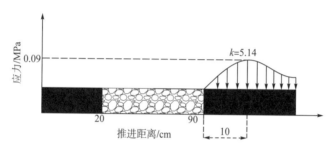

图 5-16　下部关键层初次垮落阶段煤壁超前支承压力曲线

此时，上部离层及纵向裂隙极度发育，第二层坚硬岩层 R6 粉砂岩处也开始弯曲下沉，经测量，此时 R2 泥岩垮落高度为 70mm，R3 泥岩垮落高度为 69mm，R4 粉砂岩与 R5 泥沙岩互层同时运动，垮落高度同为 64mm。R5 泥沙岩互层与上部 R6 砂岩之间高度为 60mm。工作面推进距离达 74cm 时，R6 关键层粉砂岩发生破断(图 5-17)，同时直接顶板发生第一次周期来压现象。可以看出，工作面上方的单一组合关键层呈分批垮落现

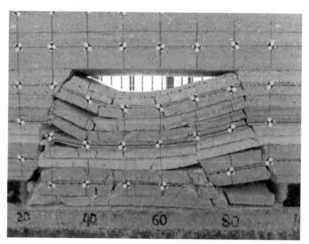

图 5-17　上部关键层初次垮落

象，但下部关键层与上部关键层垮落步距相差不大(模型为 4cm)，因此基本可以判断 R6 与 R4 连同中间的软弱岩层几乎是同步运动的。关键层与下部连采采场关系密切，对控制采空区上覆岩层运动以及全垮落法顶板管理都有重要作用。

5.4.4　顶板周期来压阶段

模型推进至 91cm 时，工作面基本顶出现第二次周期性垮落，垮落岩层基本顶在水平方向上依旧保持了传递力的关系。开采过程中离层裂隙在工作面推进方向上有所发育，见图 5-18。位于煤体 110cm 处的 9 号传感器，在初次周期来压后开始有应力显现，随工作面向前推进，应力值也在不断上升，但与之前基本顶初次垮落时 7 号传感器测得的应力相比，其压力峰值及来压显现程度均有所下降。但在上覆岩层及传递岩梁的作用下，煤体深部约 10cm 处仍有应力显现。原型现场观测期间也有局部冒顶片帮等出现。实验与原型相吻合。模拟实验结束后模拟区段及上覆岩层状况如图 5-18 所示。

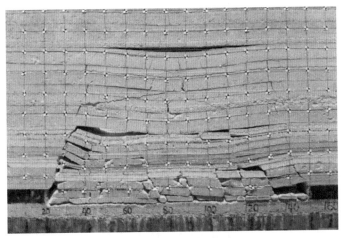

图 5-18　上覆岩层运动状况图

5.4.5　综合结果分析

综合实验结果分析，通过相似材料模拟实验，在不对覆岩顶板进行人为干预的情况下，按自然冒落来考虑覆岩组合岩层运动规律及煤体内的应力分布为：

(1)直接覆盖在煤层上方的 1.8m 泥岩首先离层、冒落，其初次垮落步距经几何换算为 31.8m。

(2)4.3m 黑色泥岩在下方泥岩层垮落，随后与上部岩层离层，随工作面的开采范围进一步增大而垮落，初次垮落步距为 36m。

(3)覆岩关键层由 R4 的粉砂岩层、R5 的泥—砂岩互层及 R6 的粉砂岩层共同组成。根据实验结果显示，其运动破坏规律为：首先 R4、R5 共同下沉弯曲直至断裂，断裂步距为 42m；随后 R6 层粉砂岩在短时间内急速发生离层和断裂，断裂步距为 44.4m，因此基本可以认为由两层坚硬岩层和中间的软弱夹层组成的关键层是同时运动的。

(4)关键层运动断裂后，地表表土层发生了大量的裂隙发育，并在煤层上方 42m 范围处发生了大范围的离层现象，地表下沉现象明显。

（5）根据布置在短壁连采模型区段间的应力传感器反馈的开挖前后的应力值和工作面推进的步距，随着短壁连采工作面的推移，直接顶初次冒落阶段超前支承压力的影响范围为3~5m，应力集中系数为2~4；关键层初次断裂阶段超前支承压力的影响范围为6~9m，应力集中系数为5~7。实验从开挖到最终结束，周期来压五次，实验现象基本类似，周期来压步距据统计为初次来压步距的1/4~1/3。

上述模拟实验结果与理论分析及现场观测到的覆岩顶板运动规律基本吻合。

通过相似材料模拟实验，得到的顶板覆岩的运动步距与极限面积统计见表5-4。

表5-4　顶板运动规律数据统计

岩层组	厚度/m	极限断裂步距/m	极限悬顶面积/m²
粉砂岩	5.6	44.4	5328
泥岩粉砂岩互层	2.76		
细砂岩	3.69	42	5040
泥岩1	4.3	36	4320
泥岩2	1.8	31.8	3816

注：极限悬顶面积是以顶板的极限断裂步距与支巷长度的乘积得到的，支巷长度取120m。

5.5　本章小结

本章以榆家梁煤矿42209工作面为地质原型，采用相似材料模拟方法对厚松散层薄基岩条件下覆岩顶板的运动规律及应力场分布进行了分析研究，得到的主要结论如下：

（1）采动对于煤层上方的上覆岩层支承压力的影响，离煤层越远，支撑压力影响越小，根据模拟结果，覆岩集中应力的影响范围为煤壁前方6~10m。

（2）榆家梁矿顶板岩层分布属于薄基岩厚表土层类型，关键层由两层坚硬的粉砂岩岩层连同中间的软弱岩层共同组成单一关键层结构，即3.69m的细砂岩、2.75m的泥岩粉砂岩互层及5.6m的细砂岩。在模拟过程中，直接顶垮落后，关键层是基本同步运动的，验证了前面的理论分析结果。

（3）按岩性、厚度分布，直接顶分组单独运动，组合运动情况如下：1.8m泥岩首先离层，其次是4.2m的泥岩离层运动，最后是3.69m的细砂岩和2.75m的泥岩粉砂岩互层及5.6m的细砂岩关键层运动。直接顶分层垮落，垮落步距分别为31.8m和36m；关键层的初次断裂步距为45m左右，据统计，各岩层周期来压步为初次来压步距的1/4~1/3。直接覆盖在煤层上的1.8m泥岩断裂冒落对回采工艺影响最大，要严格控制该层直接顶的悬顶和面积。

（4）自然垮落会在附近煤柱上引起应力的局部降低，煤柱应力整体随回采面积的增加呈现升高趋势，在达到极限悬顶面积时，回采区域走向应力集中系数为5~7。区段内的推进方向对四周边界煤柱上的应力影响较大。

第6章 通风与安全

6.1 通风风路畅通性

6.1.1 42209 工作面通风概况

榆家梁矿属于低瓦斯矿井，CH_4 浓度为 0.02%，二氧化碳绝对涌出量为 $0.25m^3/min$。掘进及回采采用系统负压通风与局部通风机正压通风相结合的通风方式。靠近工作面的联巷挡风墙以外为系统负压通风；靠近工作面挡风墙至工作面为局部通风机通风。挡风墙滞后工作面不得超过两个联巷(不大于 100m)，局部通风机供风距离最大不超过 1000m。

42209 工作面的通风，一方面，辅运平巷内的新鲜风经负压将部分风流送至联络巷道返回胶运平巷；另一方面，回采采硐所需要的新鲜风则由局部通风机经过正压由风筒输送至采硐，清洗工作面后的污风在正风压的作用下经由采空区进入联络巷并最终回到胶运平巷即回风平巷。回采采硐内的通风采用一进两回的方式，一个支巷进风，另外两个支巷回风，如图 6-1 所示。

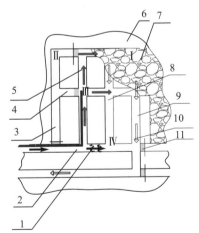

1. 风帘 2. 辅助运输巷道 3. 11 支巷 4. 中间联巷 5. 12 支巷 6. 边界煤柱
7. 采空区 8. 13 支巷 9. 14 支巷 10. 风筒 11. 风门

图 6-1 42209 通风系统简图

6.1.2 通风通道

新鲜风流冲洗工作面采硐后要经过采空区才能到达回风支巷并返回胶运回风平巷，

为保证整个通风系统有适量的风量与风速，采空区已冒落矸石与回采采硐煤壁间必须有足够的通风空间，此空间大小是由工作面顶板赋存条件、回采引起的支承压力大小共同决定的。

工作面直接顶岩性为灰色、浅灰色泥岩，泥质结构，水平层理及微波状层理，具滑面，整体性较强，厚度6.1m；老顶为细沙岩，浅灰色，中厚层，泥质胶结，水平及波状层理，厚度3.69m以及覆层其上的2.75m的泥岩粉砂岩互层。

经矿压观测及理论计算发现：6.1m的泥岩冒落过程中实际上是分为两层冒落的，下部约1.8m首先冒落且颜色呈灰白色，其上的4.3m黑色泥岩悬露到一定跨度后再冒落，因此将6.1m的泥岩直接顶分为两层来考虑，且各层的初次垮落步距与周期悬顶步距如表6-1所示。

表6-1　直接顶各岩梁运动步距

岩层组合	厚度/m	初次垮落步距/m	周期悬顶步距/m
泥岩1	1.8	38.73	15.81
泥岩2	4.3	59.86	24.43
细砂岩、泥岩粉砂岩互层组合	细砂岩3.69+泥岩粉砂岩互层2.75	64.22	26.21

由表6-1可见，顶板运动时各顶板岩层均有一定的悬顶距，直接覆盖在煤层上方的直接顶悬顶距可达15.81m，根据回采引起的支承压力作用和实际井下观测发现，实际悬顶距均不小于3m，如图6-2所示，这充分保证了回采工作面的回风通道。

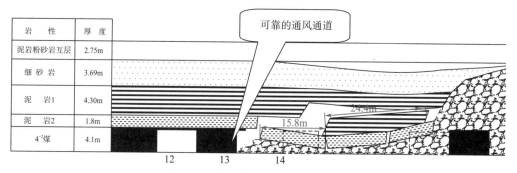

图6-2　顶板冒落后形成的通风通道

6.2　现场实测研究

6.2.1　通风监测布置方案

为验证该通风方式的安全性和合理性，在支巷顶板、支巷与联络巷的连接处、支巷与辅运巷的连接处等瓦斯及有害气体容易积聚的地方设置了两台瓦斯监测仪、两台一氧化碳监测仪，用于收集数据并进行分析总结。

为测定采空区的气体成分含量、瓦斯含量、温度等，论证采空区通风的可行性，保证正常安全生产，采取安装束管来对采空区内气体进行监测、对回风巷中气体进行采集和分析等。

根据监测的要求分别在 14 支巷的尽头附近（Ⅰ测点）、11 支巷的尽头附近（Ⅱ测点）、12 支巷的中间联巷附近（Ⅲ测点）、13 支巷与辅运巷的交接位置（Ⅳ测点）四处提前布置气体收集探头，通过束管引到采空区外的辅运巷中，利用抽气泵将采空区的气体抽到气囊中，然后送到地面气体成分分析室进行化验。具体测点布置如图 6-1 所示。同时在各测点布置温度传感器，监测在回采期间采空区的温度变化情况。

6.2.2　监测结果分析

6.2.2.1　采空区的气体成分分析

经过三个月的监测，结果如下：试验区域全垮落法连采时采空区内的气体中不含有乙炔、乙烯、乙烷，甲烷最大浓度为 0.0022%，一氧化碳最大浓度为 0.59%，二氧化碳最大浓度为 0.2574%，氮气最大浓度为 80.5928%，氧气最低浓度为 18.1280%，主要有害气体数据如图 6-3 所示。监测结果表明，采空区中有害气体的含量非常低，完全满足通风安全要求。因此，从气体成分上来分析，利用采空区通风是安全的。

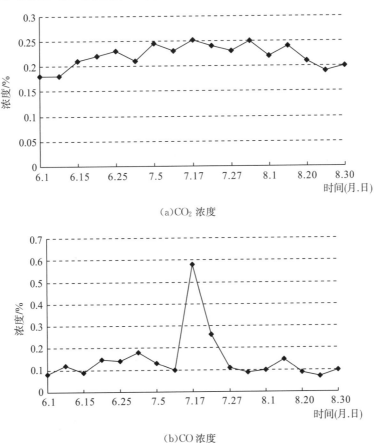

(a)CO_2 浓度

(b)CO 浓度

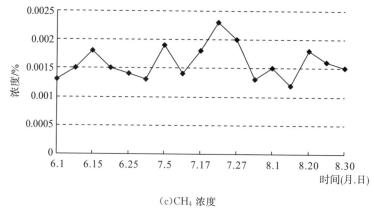

(c)CH₄ 浓度

图 6-3 CO_2、CO、CH_4 监测数据

6.2.2.2 回风巷中的气体采集及化验结果

利用气体采集仪器收集连采胶带运输巷（回风巷）中的气体，即乏风，然后送至地面进行化验。

根据数据分析表明：回风流中甲烷最大浓度为 0.0022%、平均为 0.0009%，一氧化碳浓度最大为 0.59%、平均为 0.18%，二氧化碳浓度最大为 0.2574%、平均为 0.1916%，氮气最大浓度为 80.5928%、平均为 78.9903%，氧气最低浓度为 18.1280%、平均为 19.5439%，在三个月的全部数据中无一数据超标。根据数据可以看出在整个回采过程中该矿井的有害气体的含量很少，远低于煤矿安全规程的上限要求。可证明连采时回风巷内的有害气体浓度极低，满足安全要求，氧气浓度也满足安全要求。

具体监测数据见表 6-2～表 6-4。

6.2.3 采空区自燃发火危险性分析

一般煤炭自燃需要具备四个条件：

(1)有自燃倾向煤层开采后呈破碎状，堆积厚度一般要大于 0.4m。

(2)有良好的蓄热条件。

(3)有适量的通风供氧，通风是维持较高氧浓度的必要条件，是保证氧化反应自动加速的前提。大量实验证明，氧浓度大于 15% 时，煤炭氧化方可进行。

(4)上述三个条件共存时间大于煤的自燃发火期。

在本工作面中采用区段无煤柱技术，基本没有大块煤柱的存在，可能产生的浮煤来自巷道的顶部残留煤层和工作面开采后遗留的小部分煤块，但它们的堆积厚度小于 0.4m。

按漏风大小和遗煤发生自燃的可能性将采空区划分为三带：散热带、自燃带、窒息带，如图 6-4 所示。

该试验区域面积长度为 90m 左右，宽度为 100m 左右，开采完本区域大约需要 15d 的时间，开采工期小于煤的自燃发火期。开采过程中冒落的岩石呈松散状态、空隙大、漏风强度大，利于带走积聚的热量，遗留煤虽接触氧气，但是周围的温度低，因此在开采过程中采空区大部分范围属于散热带。一个区段开采结束后即在运输巷口施工防火密

表 6-2　全垮落法连采采空区内气体成分表

采样时间	C_2H_2（乙炔）	C_2H_4（乙烯）	C_2H_6（乙烷）	CH_4（甲烷）	CO（一氧化碳）	CO_2（二氧化碳）	N_2（氮气）	O_2（氧气）	%（汇总）
采样地点　13 支巷尽头　束管号：A1									
2012-7-17 12：41	0.0000%	0.0000%	0.0000%	0.0022%	0.0058%	0.2574%	80.5928%	18.1280%	98.9862%
2012-7-19 13：01	0.0000%	0.0000%	0.0000%	0.0022%	0.0026%	0.2421%	79.6274%	18.7811%	98.6554%
2012-7-20 22：21	0.0000%	0.0000%	0.0000%	0.0023%	0.0026%	0.2467%	79.8778%	18.6296%	98.7590%
采样地点　11 支巷尽头　束管号：A2									
2012-7-17 12：55	0.0000%	0.0000%	0.0000%	0.0000%	0.0013%	0.1184%	78.7908%	19.9606%	98.8711%
2012-7-19 13：19	0.0000%	0.0000%	0.0000%	0.0008%	0.0009%	0.1190%	78.4735%	19.9467%	98.5409%
2012-7-20 23：45	0.0000%	0.0000%	0.0000%	0.0000%	0.0013%	0.1138%	78.8809%	20.0105%	99.0065%
采样地点　11 支巷中间　束管号：B1									
2012-7-17 13：10	0.0000%	0.0000%	0.0000%	0.0000%	0.0012%	0.1055%	78.8142%	19.8676%	98.7885%
2012-7-19 13：39	0.0000%	0.0000%	0.0000%	0.0000%	0.0007%	0.1167%	78.5199%	19.9759%	98.6132%
2012-7-20 23：00	0.0000%	0.0000%	0.0000%	0.0000%	0.0016%	0.1188%	78.7881%	19.9743%	98.8828%

表 6-3　连采胶带运输巷（回风巷）中气体成分表

气体成分	C_2H_2	C_2H_4	C_2H_6	CH_4	CO	CO_2	N_2	O_2	%
采样地点　胶带运输巷（14、15 联巷中间）									
2012-7-19 14：17	0.0000%	0.0000%	0.0000%	0.0000%	0.0000%	0.1050%	78.6682%	20.1712%	98.9444%
2012-7-20 23：13	0.0000%	0.0000%	0.0000%	0.0000%	0.0011%	0.1339%	78.8020%	20.0488%	98.9858%
采样地点　42213 综采工作面回顺上隅角									
2012-7-13 16：55	0.0000%	0.0000%	0.0000%	0.0016%	0.0014%	0.0211%	80.7852%	17.9916%	98.8009%

表 6-4　其他工作面实测气体成份对比

采样地点	采样时间	C_2H_2（乙炔）	C_2H_4（乙烯）	C_2H_6（乙烷）	CH_4（甲烷）	CO（一氧化碳）	CO_2（二氧化碳）	N_2（氮气）	O_2（氧气）	%（汇总）
连运队探眼（无水） 束管号：24	2012-6-13 12：02	0.0000%	0.0000%	0.0000%	0.0014%	0.0049%	1.2562%	85.7795%	12.1781%	99.2201%
连运队辅切眼 束管号：24	2012-6-13 12：17	0.0000%	0.0000%	0.0000%	0.0000%	0.0000%	0.1072%	78.7363%	20.0298%	98.8733%
连运队正切眼 束管号：24	2012-6-17 12：46	0.0000%	0.0000%	0.0000%	0.0000%	0.0000%	0.0764%	78.9777%	20.2267%	99.2808%
连运队探眼（无水） 束管号：24	2012-6-14 11：50	0.0000%	0.0000%	0.0000%	0.0013%	0.0047%	1.2553%	85.5699%	11.9748%	98.8060%
连运队辅切眼 束管号：24	2012-6-14 12：17	0.0000%	0.0000%	0.0000%	0.0000%	0.0000%	0.1268%	79.1603%	19.6141%	98.9012%
连运队正切眼 束管号：24	2012-6-14 12：03	0.0000%	0.0000%	0.0000%	0.0000%	0.0000%	0.0714%	78.7017%	20.0755%	98.8486%
连运队探眼（无水） 束管号：24	2012-6-15 17：08	0.0000%	0.0000%	0.0000%	0.0017%	0.0044%	1.0836%	85.3967%	12.6280%	99.1144%
连运队探眼（无水） 束管号：24	2012-6-18 11：17	0.0000%	0.0000%	0.0000%	0.0000%	0.0019%	1.0739%	84.2853%	12.7431%	98.1042%
42209 回顺采空区 束管号：24	2012-7-13 11：38	0.0000%	0.0000%	0.0000%	0.0000%	0.0000%	4.6575%	80.6793%	14.2561%	99.5929%
42209 回顺采空区 束管号：24	2012-7-7 18：14	0.0000%	0.0000%	0.0000%	0.0000%	0.0000%	4.6571%	80.6794%	14.2559%	99.5924%
42209 回顺采空区 束管号：24	2012-6-30 16：04	0.0000%	0.0000%	0.0000%	0.0000%	0.0000%	4.6553%	80.3763%	14.2523%	99.2839%

闭墙隔绝空气，采空区全部进入窒息带，从而避免了自燃带的出现，防止了浮煤氧化自燃发火，实际的使用结果表明是安全可行的。

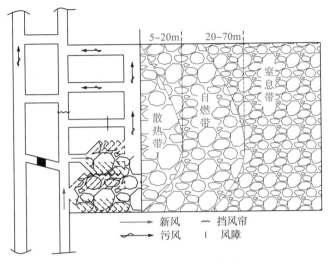

图 6-4　短壁连采采空区三带分布

6.2.4　采空区温度变化

在采空区的四个测点内，安置温度探头，在辅运巷中利用温度测试仪进行监测，监测结果平均值如图 6-5 所示。在回采期间测点处的温度最大值为 15.5℃，最低值为 11.3℃，截至 7 月 2 日温度基本稳定在 11.8℃左右。此后采空区的温度一直徘徊在该值附近。

回采结束后采空区温度的变化表明采空区温度全部低于浮煤自燃发火所需的温度。采空区内虽然有少量的煤，但是由于温度低，同时密闭隔离了浮煤与外界氧气的接触，不能构成氧化自燃所需的条件，所以采空区内的浮煤是不会自燃的，即采空区内部不存在自燃发火的危险。

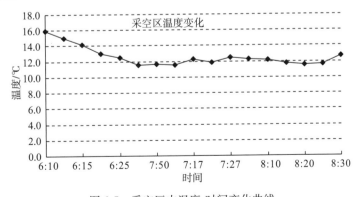

图 6-5　采空区内温度-时间变化曲线

榆家梁煤矿的现场实测结果充分证明在此种条件下即低瓦斯矿井采用采空区通风是可行的、合理的，完全可以满足安全生产的要求。

6.3　采空区瓦斯运移规律数值模拟

采用 CFD 模拟软件，研究采空区的瓦斯流动及分布规律。

6.3.1　模拟软件 ANSYS CFD/CFX

计算流体动力学(computational fluid dynamics，CFD)是通过计算机数值计算和图像显示，对包含有流体流动和热传导等相关物理现象的系统所做的分析。CFD 的基本思想可以归结为：把原来在时间和空间上连续的物理量的场，如速度场和浓度场，用一系列有限个离散点上的变量值的集合来代替，通过一定的原则和方式建立起关于这些离散点上场变量之间关系的代数方程组，然后求解代数方程组获得场变量的近似值。

CFD 可以看作是在流体运动基本方程(质量守恒方程、动量守恒方程、能量守恒方程)控制下对流动的数值模拟。通过这种数值模拟，我们可以得到极其复杂问题的流场内各个点上基本物理量(如速度、压力、温度、浓度等)的分布，以及这些物理量随时间的变化情况。

CFD 已经在很多工程研究课题中被广泛接受和使用，这其中包括数学和数值求解、计算方法、描述流体流动的控制方程、Navier-Stokes 方程、连续性方程及其他的守恒方程，如能量或气体浓度。CFD 的吸引力在于其能应用数字计算机通过基本的数学求解而反映问题的内在本质的独特功能。今天 CFD 已经从一个数学爱好者研究的问题变成为流体动力学几乎所有分支的基本工具。强大的商业 CFD 程序和高速计算机使 CFD 在求解流体工程问题中的应用日渐增加。

CFX 是全球第一个通过 ISO9001 质量认证的大型商业 CFD 软件，是英国 AEA Technology 公司为解决其在科技咨询服务中遇到的工业实际问题而开发。诞生在工业应用背景中的 CFX 一直将精确的计算结果、丰富的物理模型、强大的用户扩展性作为其发展的基本要求，并以其在这些方面的卓越成就，引领着 CFD 技术的不断发展。目前，CFX 已经遍及航空航天、旋转机械、能源、石油化工、机械制造、汽车、生物技术、水处理、火灾安全、冶金、环保等领域，为其在全球 6000 多个用户解决了大量的实际问题。

CFX 可实现的功能主要有以下几点。

6.3.1.1　精确的数值方法

和大多数 CFD 软件不同的是，CFX 采用了基于有限元的有限体积法，在保证了有限体积法的守恒特性的基础上，吸收了有限元法的数值精确性。

6.3.1.2　快速稳健的求解技术

CFX 是全球第一个发展和使用全隐式多网格耦合求解技术的商业化软件，这种革命性的求解技术克服了传统算法需要"假设压力项——求解——修正压力项"的反复迭代过程，而同时求解动量方程和连续性方程，加上其采用的多网格技术，CFX 的计算速度和稳定性较传统方法提高了 1~2 个数量级，更重要的是，CFX 的求解器获得了对并行计算最有利的几乎线形的"计算时间——网格数量"求解性能，这使工程技术人员第一次敢于计算大型工程的真实流动问题。

6.3.1.3 丰富的物理模型

CFX 的物理模型是建立在世界最大的科技工程企业 AEA Technology 50 余年科技工程实践经验基础之上。经过近 30 年的发展，CFX 拥有包括流体流动、传热、辐射、多相流、化学反应、燃烧等问题的丰富的通用物理模型；还拥有诸如气蚀、凝固、沸腾、多孔介质、相间传质、非牛顿流、喷雾干燥、动静干涉、真实气体等大批复杂现象的实用模型。

6.3.2 模拟结果分析

榆家梁煤矿为低瓦斯矿井，为了验证短壁连采通风方式在不同瓦斯等级矿井的适应性，对绝对瓦斯涌出量为 $20m^3/min$、$40m^3/min$ 时分别进行了数值模拟计算。

模拟具体参数见表 6-5，所建立的三维 CFD 模型，均是模拟短壁连采工作面回采过程中的采空区内部瓦斯分布特征。

表 6-5 模拟中使用的边界参数

风量	$70m^3/s$
采空区瓦斯涌出量	整个采空区 $20m^3/min$、$40m^3/min$
采空区涌出气体组分	100% CH_4
工作面参数	$100×125m$

图 6-6 为绝对瓦斯涌出量为 $20m^3/min$ 条件下，图 6-7 为绝对瓦斯涌出量为 $40m^3/min$ 条件下随工作面推进采空区中瓦斯浓度分布情况。图中曲线上的数字与左侧柱状图中的数值相互对应，即数字由小到大，表示瓦斯浓度逐渐增加。

由图 6-6(a)，在工作面回采初期 $l<40m$，在与工作面平行的方向上，由进风巷向回风巷瓦斯浓度逐渐升高，工作面区域的瓦斯浓度低于 1%，符合工作面规定的安全浓度。说明在近工作面 40m 区域内，由于漏风风流速度较大，风流对瓦斯的扰动大，采空区内浓度瓦斯及本煤层在采空区内析出的瓦斯一同被风流带走。

随工作面继续推进，到 $l=70m$ 时[图 6-6(b)]，在沿工作面推进方向上，靠近工作面 40m 范围内的采空区瓦斯浓度仍然保持较低水平，小于 1%。这是因为在靠近工作面处冒落岩石间隙大，漏经该处的风流风速也较大，风流对距工作面较近采空区的瓦斯的稀释、运移作用大，因而瓦斯浓度相对较低。距工作面 40m 之外的采空区，由于远离工作面，漏风风速越小，被带走的瓦斯量就越少，因此，在距工作面 40m 之外，采空区瓦斯浓度逐渐升高。

当工作面推进到 $l=95m$[图 6-6(c)]时，由于采空区远处基本上压实，瓦斯大量积聚，浓度较高，最高达 10%。此时在工作面煤壁 20m 范围内采空区，由于风流不断带走瓦斯，瓦斯浓度仍然<1%。

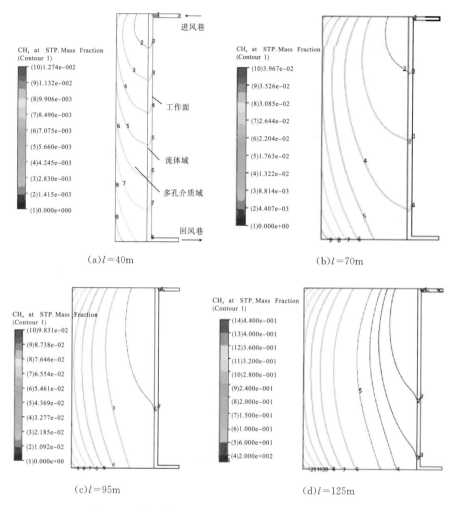

图 6-6　瓦斯涌出量为 $20m^3/min$ 采空区瓦斯浓度分布

随着工作面的不断推进，采空区范围继续扩大，赋存在煤体内的瓦斯在工作面或采空区内析出。由于回采工作面内风速较大，煤体在工作面释放的瓦斯被稀释、带走，靠近工作面煤壁附近 30m 范围内的瓦斯浓度仍小于 1%；而由于采空区深部风速低，残余煤体涌出的瓦斯受风流影响作用小，涌出瓦斯不易被漏风流带走，使瓦斯易积聚，部分位置高达 10% 左右。

工作面开采结束[图 6-6(d)]设置隔离密闭墙后，采空区瓦斯逐渐扩散，瓦斯浓度基本上呈对称分布；在靠近停采线 35m 范围内，瓦斯浓度基本上在 5% 以内；但采空区远处瓦斯浓度较高，在靠近边界煤柱的上隅角部位瓦斯浓度高达 40%。

由图 6-7(a)可知，在开采初期 $l<40m$ 范围内，在工作面平行方向上，从进风巷向回风巷瓦斯浓度依次升高，在靠近回风巷 20m 范围内，瓦斯浓度在 1% 左右。在回风巷上隅角部位，由于瓦斯积聚，瓦斯浓度为 3.5%。

随工作面继续推进，在靠近工作面煤壁 20m 范围内，由于顶板垮落后，大块矸石堆积，风流带走了大部分的瓦斯，瓦斯浓度在安全要求的 1% 内；但采空区远处，风流难以通过，采空区瓦斯大量释放后易积聚，在采空区深处靠近边界煤柱部位瓦斯浓度可达 5%。

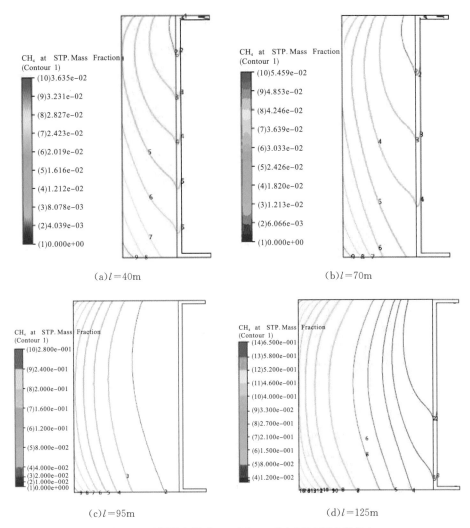

(a)l=40m　　　　　　　　(b)l=70m

(c)l=95m　　　　　　　　(d)l=125m

图 6-7　瓦斯涌出量为 40m³/min 采空区瓦斯浓度分布

在工作面推进到 95m[图 6-7(c)]，靠近煤壁 20m 范围内的瓦斯浓度基本上仍在 1％内；但在采空区远处，风流难以通过，瓦斯基本上呈对称分布，在一些部位瓦斯积聚，浓度较高。

当工作面回采完毕设置隔离密闭墙之后[图 6-7(d)]，在靠近停采线 30m 内的瓦斯浓度基本上在 2％左右；但采空区远处，随采空区内遗煤及边界煤柱瓦斯的不断释放，瓦斯易积聚，瓦斯浓度最高可达 45％。

通过对以上不同瓦斯涌出量下采空区瓦斯浓度分布规律的分析可知：开采初期，在工作面 30~40m，瓦斯浓度在 1％的安全要求内；随工作面的推进，瓦斯浓度逐渐升高，在距煤壁 20m 范围内瓦斯浓度仍在 1％的安全范围内，但在一些部位瓦斯浓度超出了安全范围，尤其是在平行于工作面方向回风巷侧 20m 范围内。

由此可见，在高瓦斯矿井，短壁连采技术下的此种通风方式存在一定的安全隐患。

6.4　采硐通风安全分析

6.4.1　采硐内气体成分实测

在回采期间，将束管探头安装在连采机的截齿上，利用抽气泵分别抽取实验区内各个支巷的左翼采硐和右翼采硐内的气体，然后送到地面进行分析。

对三个月的监测数据分析表明：采硐内的甲烷最大浓度为0.0012%，一氧化碳最大浓度为0.0006%，二氧化碳浓度最大为0.1591%，氮气最大浓度为78.7331%，氧气最低浓度为20.1308%。可知，由煤体内散发出来的有害气体成分少且含量低，随着风流大部分都被吹走，采硐内的有害气体浓度极低，满足安全要求，氧气浓度也满足安全要求，具体数据见表6-6，通过现场实测数据可证明采硐回采是安全的。

表6-6　采硐内的气体成分表

气体	采样时间：2012－7－19 13：51 采样地点：12支巷右翼最后一个采硐	采样时间：2012－7－19 14：04 采样地点：12支巷左翼最后一个采硐
C_2H_2（乙炔）	0.0000%	0.0000%
C_2H_4（乙烯）	0.0000%	0.0000%
C_2H_6（乙烷）	0.0000%	0.0000%
CH_4（甲烷）	0.0000%	0.0000%
CO（一氧化碳）	0.0000%	0.0000%
CO_2（二氧化碳）	0.1048%	0.1091%
N_2（氮气）	78.7331%	78.5894%
O_2（氧气）	20.1308%	20.1555%
%（汇总）	98.9687%	98.8540%

6.4.2　硐口硐底风流流动

当连采机采至硐底开始回撤连采机过程中，会将采硐之间的0.3m的刀间煤柱破坏掉，此时在采硐硐底和采空区之间将构成通风通道，具体风流路线如图6-8所示。

在刀间煤柱破坏前，风流经过硐口形成紊流后回到进风支巷，经采空区后进入回风支巷；刀间煤柱被破坏后，风流一部分从进风支巷直接流向采空区，另一部分经采硐底部进入采空区，最后汇集到回风支巷，此时采硐不再是盲巷或独头，而有风流流动，采硐内通风条件更佳、更安全，此时采硐内的气体组分与采硐口处基本相同。

采用ANSYS CFD/CFX对支巷内的风流流动轨迹进行模拟，检验风流流经采硐的范围以及采硐间煤柱被破坏后，风流经过采硐内的风流流速。支巷内的风速按照回采作业规程设计风速计算，图 6-8 为硐口硐底风流流速及流经范围分布图。

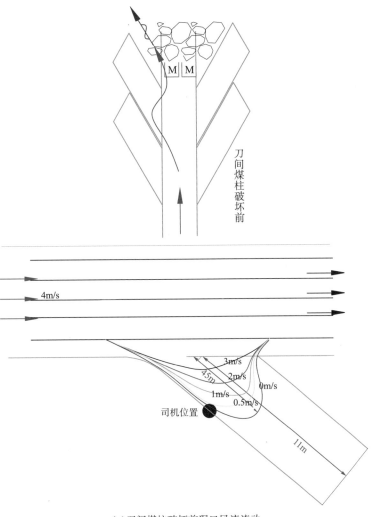

（a）刀间煤柱破坏前硐口风流流动

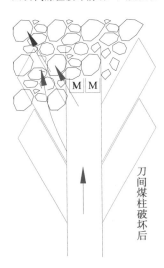

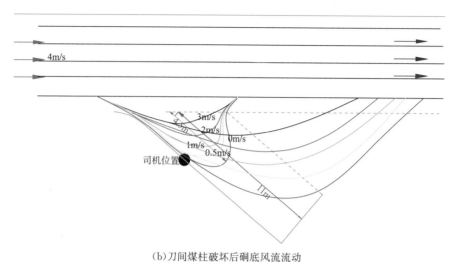

(b)刀间煤柱破坏后硐底风流流动

图 6-8 刀间煤柱破坏前后硐口硐底风流强度及分布范围

6.4.3 煤机司机位置

短壁连采采煤法掘进及回采均采用连续采煤机及其配套设备施工，选用 12Cm15-10DVZ 型遥控连续采煤机来完成割煤和装煤工序，采煤机主要技术特征参数见表 6-7。

回采采用双翼进刀，左翼采硐 7.5m，右翼采硐 11m，进刀角度均为 40°，采硐间留设 0.3m 的刀间煤柱便于装煤。由采煤机的参数及采硐的深度可计算得到回采时现场工作人员的位置，尤其是煤机司机所处的位置，具体位置如图 6-9 所示。

在回采左翼采硐时[图 6-9(a)]，工作人员（包括煤机司机）都在支巷内，采硐内没有工作人员，此时生产是安全的。在回采右翼采硐时[图 6-9(b)]，采煤机司机在距离采硐口约 4m 位置处，其余工作人员均在支巷内；从支巷和采硐风流强度和分布范围（图 6-8）可知，支巷内风流基本上能进入采硐内 4~5m 深的位置处，此时采煤机司机还处于风流流经的范围内，在此位置处工作仍是安全的，当采硐间的刀间煤柱被破坏以后，风流将会流过采硐内的绝大部分范围，此时将更加安全。

表 6-7 12Cm15-10DVZ 型连续采煤机主要技术特征表

技术特征	主要参数	技术特征	主要参数
长×宽×高	11.05m×3.3m×2.1m	生产能力	15-27T/min
重量	57T	行走速度	4.6-19.3m/min
总功率	553kW	输送机宽度	762mm
电压	1140V	尾部旋转角	左右 45°
截割头宽度	3.3m	收集臂	CLA's 三星轮
滚筒直径	1.12m	截齿类型	U85
采高	2.657~4.6m	油箱容积	530L

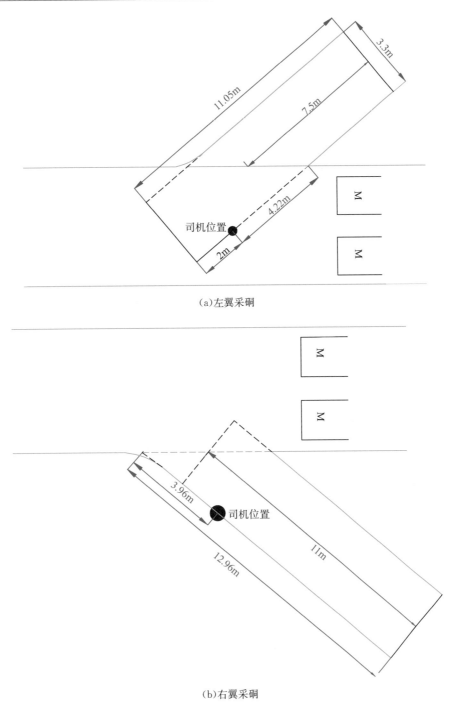

(a)左翼采硐

(b)右翼采硐

图 6-9　人员(煤机司机)位置分布图

6.4.4　神东多年安全实践

神东矿区自 2000 年使用留煤柱支撑顶板短壁连采采煤方法以来,先后在大海则、上湾、康家滩、大柳塔、哈拉沟、榆家梁等矿成功应用,多年以来从未在支巷及采硐内因通风发生安全事故，而顶板全垮落法短壁连采采硐的通风状况与留煤柱支撑顶板短壁连采采煤方法本质并没有差别；甚至，当采硐间煤柱导通后采硐内通风状况比后者更安全。多年的实践和应用效果证明，回采采硐时采煤机司机是安全的。

6.5 本章小结

(1)工作面采用负压结合局部通风，保证了采空区及采硐风量与风速的要求；针对榆家梁矿的顶板条件，煤壁边缘直接顶及上覆岩层悬顶与垮落矸石之间的 3m 纵向空间高度可保证足够的通风断面，总断面大于巷道断面，完全满足通风要求。

(2)现场实测数据表明：回风流中的各项空气指标完全达到了《煤矿安全规程》的要求，采空区内部远处仅有极少数 CO 浓度略超安全规程要求。

(3)运用数值模拟研究方法模拟了瓦斯绝对涌出量分别为 20m³/min(代表低瓦斯矿井)、40m³/min(代表高瓦斯矿井)两种条件下采空区内的瓦斯运移规律。研究表明，低瓦斯矿井短壁连采时回风流中的瓦斯浓度始终低于 1% 的上限值，而高瓦斯矿井下回风巷上隅角中的瓦斯浓度达到 3.5%，说明高瓦斯矿井下应用全垮落法短壁连采通风方式不可行或需要采取特殊的防瓦斯超限措施。

(4)采硐回采期间，采硐内的气体成分均在安全要求范围内；采煤机司机所处位置基本上在支巷或在距采硐口 4m 范围内，此范围内有风流经过，是安全的；当采硐间的煤柱被破坏后，采硐与采空区之间形成通风通道，此时更安全，神东矿区多年的应用效果也证明了采硐通风是安全的。

(5)采空区少数范围处于氧化带内，且在氧化期内区段即回采完毕设置防火隔断密闭墙，不存在自燃发火的可能性，采空区远处的温度实测最大也只有 18℃，同样证实了该结论。

第7章 全垮落法短壁连采安全评价

全垮落法管理顶板的短壁连采工作面从根本上消除了上覆岩层中关键层的大面积悬顶，保证回采区段内顶板的充分运动，不会在四周煤壁上引起强大的应力集中，同时也给回采区域的顶板管理提出了更高的要求。此采煤方法与普通的综采工作面相比，最突出的两个特点是：①作业人员与回采设备直接面对采空区直接顶运动的威胁，主要体现在顶板运动垮落时对作业人员或设备的压、砸和直接顶大面积运动时产生的强大气流的冲击（飓风）；②通风系统存在一定难度，主要体现在通风风流要经过采空区，风流的畅通性以及将采空区的有毒有害气体大量带出给通风带来的安全威胁。经过榆家梁矿42209短壁连采面的现场试验，比较好的解决了上述两个问题，为了系统完整地总结现场成功的经验，有必要从顶板管理的安全性和通风管理的安全性两个方面来对此采煤方法进行综合评价，并从中找出适合本采煤方法的适用条件。

7.1 顶板控制的安全性评价

顶板控制是井工开采的重要内容，也是保证矿井安全生产的前提条件。在井下采、掘过程中，由于对矿山压力分布不清楚或支护不当造成的冒顶、片帮、顶板掉矸、顶板支护垮塌等顶板事故时有发生。它在煤矿的七大事故中最常见、最频繁、涉及范围也最广。顶板事故按冒落范围的大小可分为局部冒落和压垮型顶板大面积切落，根据前述顶板全垮落法的本质内涵，结合榆家梁煤矿的煤层地质情况以及现场观测可以确定，在对直接顶采取强制放顶的顶板管理措施后不存在压垮型大面积切顶事故，可能出现的顶板事故为局部冒顶。为了分析该采煤方法顶板控制的安全性，这里采用专家评分法对顶板控制的安全性进行评价。

7.1.1 评价因素及评分标准

7.1.1.1 因素权值及标准分值

经分析讨论，最终确定顶板全垮落法短壁连采可能诱发局部顶板事故的几个因素为：地质状况 C_1、顶板稳定性 C_2、回采期间顶板管理 C_3、区段设计 C_4、顶板运动及压力预报系统 C_5、工人整体素质与能力 C_6。

依据《煤炭安全规程》及其配套的《执行说明》，结合神东矿区从事短壁连采广大工程技术人员以及行业内专家的意见，对各因素占整个系统的权重值和不同状况下的标准得分值范围总结如表 7-1 所示。

表 7-1 评价系统各因素权重及标准分值

评价因子	权重 Q	评分标准	分值 C
地质构造	0.06	地质条件简单，无断层、褶曲、陷落柱等复杂地质条件	90～100
		断层落差<采高、平均断层间距>50m，局部有褶曲、陷落柱等小地质构造	75～89
		地质构造比较复杂，发育有较少大断层，小断层、褶曲等比较发育	60～74
		地质构造极其复杂，井田范围内大的断层、褶曲、陷落柱、岩浆侵入等比较多	60 以下
顶板稳定性	0.27	基本顶初次来压步距<15m，直接顶悬顶 1～3m 或采空区充填程度>90%	90～100
		基本顶初次来压步距 15～25m，直接顶悬顶 1～3m 或采空区充填程度 80%～90%	75～89
		基本顶初次来压步距 25～40m，直接顶悬顶 3～5m 或采空区充填程度 50%～80%	60～74
		基本顶初次来压步距>40m，直接顶随采随冒或悬顶>5m 或采空区充填程度<50%	60 以下
回采期间顶板管理	0.22	有专门的针对性顶板管理措施，措施科学合理，现场易于实施，有专职的施工队伍并落实到常规的回采工艺中，对正常回采工艺影响较小	90～100
		有专门的针对性顶板管理措施，措施科学合理，现场实施有一定难度或对回采工艺影响较小	75～89
		有专门的针对性顶板管理措施，措施比较合理，现场实施难度较大或成本高，回采过程中不常使用	60～74
		只有常规的顶板管理措施，实施过程难度较大、成本高，对回采工艺影响大	60 以下
区段设计	0.21	区段参数设计有科学依据，设计过程正确，回采工艺及回采顺序合理，区段回采面积=(0.8～1.0)极限回采面积，留设区段间隔离煤柱的指导思想明确	90～100
		区段参数设计有科学依据，设计过程正确，区段回采面积=(0.7～0.8)极限回采面积，区段隔离煤柱按经验 10m 留设	75～89
		区段参数有设计，区段回采面积=(0.5～0.7)极限回采面积，区段隔离煤柱≮10m 经验值	60～74
		受区段形状限制，区段参数没有专门的设计，区段长、宽明显不合理	60 以下
顶板运动及压力预报系统	0.09	区段内安设有顶板离层声、光报警监测仪或煤柱应力监测仪或其他报警仪器设备，报警阈值取值与顶板运动相适应。预警准确性>90%	90～100
		区段内安设有顶板离层声、光报警监测仪或煤柱应力监测仪，报警阈值取值与顶板运动相适应。预警准确性 70%～90%	75～89
		区段内安设有顶板离层声、光报警监测仪或煤柱应力监测仪，报警阈值取值与顶板运动相适应。预警准确性 50%～70%	60～74
		没有安设报警仪或预警准确性<50%	60 以下
工人整体素质与能力	0.15	工人全部经过专业培训且成绩合格，业务能力强，能准确地判断顶板事故的预兆并做出合理的处理措施	90～100
		工人经过专业培训大部分成绩合格，业务能力比较强，能够识别顶板运动的征兆，并且做出相应的措施	75～89
		工人经过培训，个人业务能力一般，能够在技术人员的指导下识别顶板事故的征兆，没有"三违"操作	60～74
		部分工人的业务能力不强，存在"三违"操作现象	60 以下

7.1.1.2　对各因素取值的说明

1．工作面地质构造

地质构造复杂的区域，地应力分布复杂，尤其是当工作面存在落差较大的断层构造时，有可能引起顶板的大面积切顶垮落。根据对全国主要顶板事故分析可知，大多数的顶板事故都是发生在工作面地质条件比较复杂的地带，因此地质条件越简单得分越高。针对神东煤炭分公司实行短壁连采的几个矿井而言，绝大多数矿井地质条件相对简单，部分矿井存在小的断层构造，因此表 7-1 中只列出了断层、褶曲等主要地质构造而不考虑其他地质现象。

2．工作面顶板稳定性

一般来讲，顶板越坚硬稳定性越好，这一点对巷道维护是有利的，但对实行顶板全垮落法短壁连采的工作面来说，没有综采那样的支撑掩护式液压支架护顶，顶板太坚硬势必造成采空区顶板大面积悬顶，其运动对采场的威胁是巨大的；相反，如果顶板稳定性太差，则采硐采煤时直接顶板很可能随采随冒，对连采司机构成巨大的安全隐患，因此此采煤方法对顶板稳定性的要求是中等稳定的顶板最佳，既不能太坚硬也不能太破碎，即此因素属于"中间型"，"两端得分低而中间得分高"。

另外，因素中还考虑了直接冒落后对采空区的充填状况，显然充填越好，得分值越高，这与岩层的分层发育、易冒性好相关。

3．回采期间顶板的管理措施

回采期间的顶板管理在短壁连采技术中占有重要的位置，回采期间的顶板管理应从采硐内的顶板管理和采空区顶板管理两方面来考虑。短壁连采支巷顶板采用的是锚杆支护，但采硐割煤后暴露的顶板并不支护，存在很大的空顶距（左侧采硐空顶 7m，右侧采硐空顶 11m），要保证采硐顶板的稳定性，需要采取特殊的管理措施，如留煤皮护顶、行走支架护，同时为了不使采空区大面积悬顶，需要对直接顶板强制放顶等等相关措施。

4．区段设计的合理性

区段是短壁连采的基本单位，其尺寸的大小对上覆岩层顶板的运动规律有明显的影响，合理的区段尺寸应当是回采面积略小于应力极限回采面积。面积过大，前方煤柱应力集中程度高、变形破坏严重；面积过小，又不能保证上覆岩层充分运动到地表，上覆岩层中的关键层尚未断裂，同样会造成采空区大面积悬顶，很容易造成顶板大面积垮落，导致安全事故。因此，合理的区段参数应当是回采面积小于极限面积的某个范围内。

在设计区段尺寸时还应考虑区段隔离煤柱的大小，区段隔离煤柱的主要作用在于封闭采空区，防止采空区顶板大面积的垮落冲击，同时防止顶板垮落时的有毒有害气体进入下一回采区段内。煤柱太小，在矿压作用下会很快失稳破坏起不到隔离作用；煤柱太大，又不利于采空区顶板的充分运动。因此，合理的区段煤柱尺寸应当是当下一区段回采到远离隔离区一定距离时，煤柱便破坏失稳失去对顶板的支撑能力。当然，如果能保证工作面采空区顶板不受大面积垮落冲击威胁时，可以取消隔离煤柱，实现短壁连采无煤柱开采。

5．顶板压力和煤柱压力的监测

顶板事故大都是顶板运动和煤柱压力的突然变化引起的，是一个由量变到质变的过程，在发生大的顶板事故之前都有一定的运动前兆信息，即时捕捉到这些关键性的前兆信息对预防顶板事故至关重要，而这些信息有时仅凭肉眼是很难"感知"到的。短壁连采中为了监测顶板的活动规律，常用的方法是对顶板位移和煤柱上的支承压力通过在线监控系统实时监测。

6. 工人的综合素质

人是一切行为的主体，在顶板控制过程中工人的业务能力和综合素质占有较大的权重，顶板事故的发生大都是有了前兆信息而没有及时意识到危险，采取有效的控制措施，或者直接是违规操作引发局部冒顶事故。

工人经过专业的培训并且考试合格才能允许进入工作面工作，但是考虑现实情况和个人因素的差异，有的矿井并没有完全达到全部工人业务能力合格的要求，所以在顶板控制的安全性方面是一个不可忽视的因素。综合业务能力比较强的工人可以及时的发现存在的安全隐患并采取相应的措施应对，确保最大限度地降低发生顶板事故的概率。

7.1.2　42209 工作面的各评价因素分值

7.1.2.1　地质构造

榆家梁矿 42209 房采工作面区内地质构造简单，无断层褶曲及陷落柱等复杂地质构造，该地质条件对顶板的安全控制比较有利。在评分标准中属于最高级别的，按表 7-1 评分标准得出分值的平均数为 $C_1 = 95$ 分。

7.1.2.2　工作面上覆岩层的稳定性

42209 工作面直接顶岩性为灰色、浅灰色泥岩，泥质结构，水平层理及微波状层理，具滑面，整体性较强，厚度 6.1m；基本顶为细沙岩，浅灰色，中厚层，泥质胶结，水平及波状层理，厚度 3.69m；煤层厚度为 3.5~3.8m，平均厚度为 3.7m。根据现场观察表明 6.1m 厚的泥岩分两层运动，下部 1.8m 厚的浅色泥岩会在煤层开采后首先冒落，4.3m 的深色泥岩在到达一定跨度后垮落，3.69m 的细砂岩和其上部 2.75m 的泥岩粉砂岩互层整体运动，岩层分层性和易冒性均比较好。

由前面第 2 章所述，基本顶来压步距大于 40m，直接顶周期性自然垮落步距大于 5m，强制放顶后采空区充填程度为 80%~90%，故评分平均值为"良"等级，$C_2 = 80.0$ 分。

7.1.2.3　回采期间顶板的管理措施

在回采期间，辅助运输巷道、胶带机运输巷道以及各个支巷的顶板都采用锚杆支护方式。现场的实际运用情况也显示这种支护方式可以很好地控制顶板的下沉并保证顶板的完整性，是一种比较合理的支护方式。

在回采支巷间的煤柱时使用了履带行走支架控制分段垮落技术，能够很好地控制顶板和隔离采空区，既能防止顶板的悬空又能防止采空区冒落的矸石砸伤人员、损坏设备。

在短壁开采四周煤柱的边缘采用预切顶技术，强制切断采空区内的直接顶与煤柱上部直接顶之间的联系，使采空区内的直接顶冒落步距减小，减轻煤柱上的压力。

在回采期间的采空区内运用了强制放顶技术。

总之，回采期间顶板的管理措施到位，顶板控制效果理想。评分的平均值为 $C_3 = 93.26$ 分。

7.1.2.4　区段尺寸设计的合理性

如第 2 章所述，第一回采区段的尺寸优化是一个循序渐进的过程，由原来的四条支巷一个区段最终优化到 8 条支巷一个区段，应力极限回采面积为 13000 m^2，回采总面积 10839m^2，约为极限回采面积的 0.8 倍；区段与区段之间留有 2m 的区段隔离煤柱，设计此隔离煤柱只起隔离采空区有毒有害气体之功效，对顶板不起支撑作用，防毒的同时利于顶板的垮落运动。专家组打分的平均值为 $C_4 = 87.22$ 分。

7.1.2.5　顶板运动及煤柱压力监测系统的使用

为了更好地观测矿压及控制顶板，分别在 14 支巷的尽头、12 支巷的中间联巷口、11 支巷的中间、12 支巷与辅运巷交叉口、13 支巷与辅运巷交叉口等五处布置测点进行观测。该观测预警系统可以有效地反映顶板的运动和煤柱的破坏情况，为顶板事故的发生提供了可靠的预警。

因此，顶板大面积冒落预警系统安设比较合理，预警准确性在 80% 左右，评分平均值为 $C_5 = 85.17$ 分。

在整个顶板控制过程中，工人的综合能力是关键的因素。他们的业务水平和综合素质决定了顶板控制措施的执行情况。榆家梁矿连采三队的工人业务能力相对比较强，大学生和党员占很大的比例，在安全规范生产中起到了良好的带头作用。工人大都具有多年的工作经验，对各种危险信号的识别能力较强，在跟班领导和技术人员的指挥下能够较好地完成安全生产任务。评分的平均值为 $C_6 = 85.78$ 分。

7.1.3　顶板全垮落法短壁连采工作面顶板安全评价

专家评分法是在认真分析工作面各项条件的基础上，对照标准分值对顶板安全性进行评价，最终得出评价值 $X = C_1 \times Q_1 + C_2 \times Q_2 + C_3 \times Q_3 + C_4 \times Q_4 + C_5 \times Q_5 + C_6 \times Q_6$，依照 X 的高低，查表 7-2，即可得到最终的评语，该评价结果具有真实、客观的特点。

42209 短壁连采工作面顶板控制的安全评价指数 X：

$$X = 0.06 \times 95 + 0.27 \times 80 + 0.22 \times 93.26 + 0.21 \times 87.22 + 0.09 \times 85.17 + 0.15 \times 85.78$$
$$= 86.67$$

表 7-2　榆家梁矿顶板控制安全评价标准表

安全评价值 X	评语	备注
90 以上	优	不需采取措施
75～90	良	采取措施

安全评价值 X	评语	备注
60~75	中	采取重点措施
60 以下	差	不安全

根据评价表 7-2 可以得到：顶板控制的安全性是比较理想的，达到了"良"级标准（需采取强制放顶措施），接近"优"级。

7.1.4　顶板全垮落法短壁连采顶板条件分析

不是任何的顶板条件均可用于全垮落法短壁连采，根据上述的评价标准，结合神东矿区各短壁连采矿井的实际情况，各矿之间的主要差别在于上覆岩层的稳定性，因此重点从该方面来分析对顶板安全控制而言的适用条件。

适合顶板全垮落法短壁连采的工作面顶板总体安全评价应该是"良"以上，这里考虑最中间状态，即总体评价分值取为 83 分。仍以榆家梁矿 42209 短壁连采工作面为例，在其他条件不变的前提下，当总体评价分值达到 83 分时，其上覆岩层稳定性评价分值 Q_2 为

$$Q_2 = [83 - (86.67 - 0.27 \times 80)]/0.27 = 66.41 \text{ 分}$$

查表 7-1 对应项可知，适合全垮落法短壁连采的顶板稳定性必须是稳定或中等稳定类型。

7.2　通风安全评价

7.2.1　评价原理

指数评分法：采用指数评分法进行安全评价时，首先应根据评价对象的具体情况选定评价项目，并根据各个评价项目对安全状况的影响程度，确定各个项目所占的分数值（或分数值范围，比如权重值）。在此基础上，由评价者对各个项目逐项进行单因素评价，确定各个单因素评价项目的得分值。然后，通过一定的规则计算出总评价分数，最后根据总评价分数的大小确定系统的安全等级。确定总评价分数时，可以采用不同的计算方法，如：加法评分法、加乘评分法和加权评分法。此处采用加权评分法。

加权评分法中，按各项目的重要性程度对其分配权数。计算总评价分数时，将各项目的得分值乘以该项目的权数，然后再相加，即

$$F = \sum_{i=1}^{n} Q_i V_i \tag{7-1}$$

7.2.1.1　建立评价因素集 U 和评价等级

设 $U = \{u_1, u_2, u_3, \cdots, u_m\}$ 为 m 种因素，评价等级就是将各定性或定量的因素指标划分成几个评判等级，其相应评价及得分见表 7-3。

表 7-3　通风评价等级

评价等级	优	良	中	差
得　分	90~100	80~90	70~80	<70

综合评判的具体方法是：将需要评价的因素分为定性评价因素与定量评价因素。

定性因素评价是在本行业人员内选择有丰富知识、经验的专家组成一个评定小组，每个成员根据自然条件及现场措施对评价因素中的各因素，在规定的评价等级中根据现场实际评价并评分，再汇总所有专家评分并求得该项因素平均得分值来得到最终评分。

定量因素评价则是根据因素的变化性质选用现有的模糊分布函数，然后根据相关国家标准(无标准的以测量总结数据为准)确定函数中的待定参数，通过计算得出各因素最终评分。

最终得分集：$V = \{V_1, V_2, V_3, \cdots, V_m\}$。

7.2.1.2　权向量分配

在方案评定时，事先要确定各因素的侧重程度，即给每个因素确定相应的权值，这样才能突出主要因素。权值的确定有多种方法，如专家评议法、统计法、分析推理法等方法确定，不管用什么方法最后都应对权值进行归一化处理得权重，使其满足：

$$Q = \{Q_1, Q_2, Q_3, \cdots, Q_m\}, \quad 0 < Q_i < 1, \quad \sum_{i=1}^{m} Q_i = 1$$

本文中权重通过专家评议法获得。

7.2.1.3　评判的运算

$$F = (Q_1, Q_2, Q_m) \cdot \begin{bmatrix} V_1 \\ V_2 \\ \vdots \\ V_m \end{bmatrix} = \sum_{i=1}^{m} Q_i V_i \tag{7-2}$$

运算后 F 按得分情况查表 7-3 得到通风安全评定等级。

7.2.2　主要影响因素分析及评价函数建立

针对全垮落法短壁连采生产工艺过程，确定通风安全评价的主要影响因素见表 7-4。

表 7-4　通风安全评价主要影响因素

因素	权重	主要危险因素	存 在 场 所	危害性
U_1	0.21	采空区通风通道	风流在风压的作用下经由采空区进入联络巷并最终回到胶运平巷即回风平巷	采空区被冒落岩石完全充填，风流线路堵塞，通风系统崩溃
U_2	0.34	有害气体含量	支巷顶板、支巷与联络巷的联络处、支巷与辅运巷的连接处、回采采硐内、采空区、回风平巷	积聚、爆炸、窒息

因素	权重	主要危险因素	存在场所	危害性
U_3	0.29	采空区自燃发火	采空区散热带、氧化带、窒息带	缓慢氧化产生的热量积聚使温度升高引起煤层自燃
U_4	0.16	通风设施工况、施工质量	各通风设施安装处（局部风机、风帘、风障、密闭墙）	风流中断、短路、漏风导致有害气体积聚，采空区煤炭自燃，甚至导致瓦斯爆炸

7.2.2.1 采空区顶板结构与通风通道

新鲜风流冲洗采硐后要经过采空区才能到达回风支巷并返回胶运回风平巷，要保证整个通风系统有适量的风量与风速，采空区已冒落矸石与回采采硐煤壁间势必要有足够的通风空间，此空间大小是由工作面顶板赋存条件、回采引起的支承压力大小共同决定的。回风通道有一个最小的极限过风断面积，太小则风阻较大或因风速超标达不到所需的供风量，通风不安全，因此针对通风安全来讲，过风断面越大越好；根据神东矿区实际地质条件及开采现状，考虑到采掘工作面对风量的需求及对最大风速的限制，采空区实际回风断面小于 6.9m^2 时，无法满足采掘工作面对风量的要求，因此小于此值时的单因素评价得分为 0；由于目前支巷断面实际面积为 17.28m^2 时风速不超限且风量能够满足要求，所以以 17.28m^2 为上限，断面超过此值时的评价值均为 1；介于两者之间的断面选用左半升正态分布函数来表示，由上述几个特征值点可以确定出相应的函数待定系数，评价函数定义为：

$$f(s) = \begin{cases} 0, & s \leqslant 6.9 \\ \mathrm{e}^{-0.0417(s-17.28)^2}, & 6.9 < s \leqslant 17.28 \\ 0, & s > 17.28 \end{cases} \tag{7-3}$$

对应的评价函数图形如图 7-1 所示。

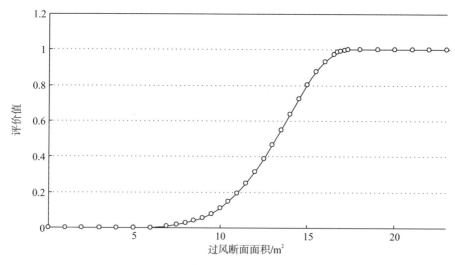

图 7-1 采空区通风通道评价函数

经实际观测，榆家梁矿采空区内回风通道断面在 20m^2 左右。所以 $f(s)=1.0$。

7.2.2.2　有害气体含量

采空区内有毒有害气体主要为 CH_4、CO、CO_2 等，这里以对安全生产威胁最大的 CH_4 为主要评价指标。对于采空区、采硐内、回风流内有害气体浓度为越小越好，根据《煤矿安全规程》规定，采掘面回风流中瓦斯浓度不得超过 1.5%，当超过 1.0% 时就要断电保护并连续通风稀释 CH_4 浓度。神东公司为安全起见，规定回风流中 CH_4 浓度不得超过 0.8%，因此我们认为超过该值时即为不安全，此时该项评价得分为 0。据生产实践经验总结，当瓦斯浓度不超过 0.3% 时，认为 CH_4 浓度对生产基本无影响，$f(x)=1$；而当瓦斯浓度超过 0.8% 时，$f(x)=0$；当瓦斯浓度在 0.5%～0.8% 时，则需要适当采取措施(如增加风量)，但仍可安全生产，此时评价分值为 0～1，由此选用降半正态函数：$f(x)=e^{-k(x-a)^2}$；根据上述分析得出参数 $k=22.5$；$a=0.3$。所以此时的评价函数为：

$$f(x) = \begin{cases} 1, & x \leqslant 0.3 \\ e^{-22.5(x-0.3)^2}, & 0.3 < x \leqslant 0.8 \\ 0, & x > 0.8 \end{cases} \tag{7-4}$$

对应的函数图形分布如图 7-2 所示。

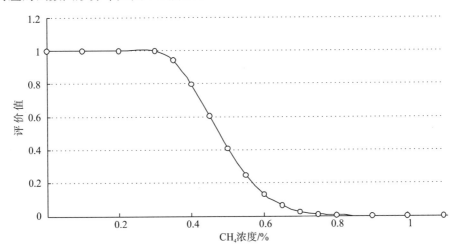

图 7-2　采空区有害气体评价函数

为监测采空区通风的实际效果，对连采面采空区、采硐内、回风流内的气体成分进行了现场实测，监测结果表明：全垮落法短壁连采采空区、采硐、回风巷内的气体中 C_2H_2、C_2H_4、C_2H_6 浓度为零；回风流中的 CH_4、CO、CO_2 等有害气体浓度均远远低于国家煤矿安全标准，没有一项指标超标；采空区中的 O_2 最低浓度为 18.1280%，绝大部分监测结果接近 20%，采硐和回风流中的 O_2 浓度均超过 20%，完全达到煤矿安全规程的基本要求。榆家梁矿该项评分 $f(x)=1$。

7.2.2.3　采空区自燃发火

采空区内自然发火的过程即是遗留在采空区的煤层氧化释放出 CO 的过程，表现为采空区内温度升高的过程，此处借助可观测的采空区温度来表征采空区煤层自燃发火的评价指标。温度越低，自燃发火倾向越低。由于不同煤层的自燃发火临界温度不同，因此没有一个统一的自燃发火温度界限，这里借助于经验，以小于 30℃ 为安全，大于 40℃ 为不安全，介于两者之间时用下降的直线型函数来表达。由此，温度与评价值呈降半梯形分布：

$$f(t) = \begin{cases} 1, & t \leqslant 30 \\ \dfrac{40-t}{10}, & 30 < t \leqslant 40 \\ 0, & t > 40 \end{cases} \tag{7-5}$$

对应的函数分布图形如图 7-3 所示。

连采区域实行的是无煤柱开采，采空区遗留底板上的浮煤高度不大于 0.4m，且据地质资料，4^{-2} 煤为易自燃煤层，最短自燃发火期为 30d，而试验区域 8 条支巷共计回采时间约 20d 即封闭，显然除了部分遗留在采空区的浮煤尚处于散热带内外，其余遗留浮煤还未达到氧化自燃的最低氧化时间区域即封闭，因此不存在采空区煤层自燃发火危险。

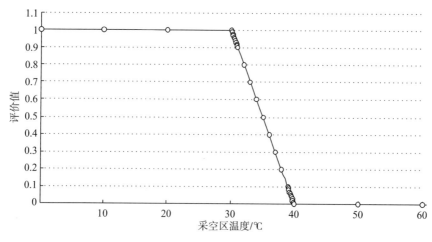

图 7-3　采空区温度评价函数

另外，采空区气体温度实测结果也表明，从试验区域开始回采至区域回采结束，采空区气体温度始终保持在 10~16℃，且随回采面积增大温度也没有明显的上升过程，说明采空区遗留煤因氧化产生的 CO 浓度并没有明显的增高，从这个方面来讲，采空区煤的自燃发火危险也较小，所以 $f(t) = 1.0$。

7.2.2.4　通风设施工况、施工质量

该项因素涉及面较广，无法用合适的函数来评价，故此处采用定性的方式评价（表 7-5）。

表 7-5　通风设施工况及施工质量因素权重评价

因素	权重	优(90~100)	良(75~90)	中(60~75)	差(<60)
U_4通风构筑物	0.16	通风设备齐全，工况良好，各通风构筑物施工质量很好，无漏风等现象	通风设备齐全，工况良好，但各通风构筑物施工略差，有局部漏风现象，但不影响风量	通风设备能满足通风需要，通风构筑物施工质量较差，存在大范围漏风现象，对风量有较大影响	通风设备不能满足通风需要，通风构筑物也存在较大缺陷，对风量产生很大影响

　　榆家梁矿整个回采期间，严格按通风系统设计来进行通风相关设施的施工和管理，该打密闭的地方及时打上，该拆除的设施也及时拆除到位，尤其是配合通风的局部风筒安设与拆除均能保证风流、风路的畅通、有条不紊。评价取 84 分。

7.2.3　通风安全评价及适用条件

7.2.3.1　评价

　　结合榆家梁煤矿实际条件及观测结果，前三项因素评分均为不大于 1 的值，为使得计算结果符合思维习惯，便于最后评判，所以令 $V_i = 100 f(x_i)$，得到评分集 V：

$$V = \{100, 100, 100, 84\}$$

$$F = (0.21, 0.34, 0.29, 0.16) \cdot \begin{bmatrix} 100 \\ 100 \\ 100 \\ 84 \end{bmatrix} = 97.4$$

　　由评判标准可知，榆家梁煤矿 42209 工作面通风安全评价等级为"优"。

7.2.3.2　适用条件分析

　　由前面安全评价分析可知，对于低瓦斯矿井，回风流中的气体成分能够满足《煤矿安全规程》的基本要求，通风安全总体评价为"优"，但对于高瓦斯矿井，由于回风流中的瓦斯出现超标(有时甚至更严重)，工作面被迫停产通风，对于短壁连采回采部分边角煤来讲，瓦斯抽放也不经济，很难在实际中得到应用，因此对高瓦斯矿井，通风安全评价中该项指标得分为 0，代入公式后得到总体评价得分为 63.4 分，评价等级为"差"，不安全。

　　由此得到，顶板全垮落法短壁连采对于低瓦斯矿井来说，采空区通风是安全可靠的，而高瓦斯矿井不适用于全垮落法短壁连采。

7.3　本 章 小 结

　　本章采用专家评议法，从顶板控制安全和通风安全两个方面对顶板全垮落法短壁连采的安全性进行了综合评价，得到主要评价结论：

　　(1)经咨询神东矿区的现场工程技术人员、业内专家教授及课题研究部分成果，选取的对顶板安全控制和通风安全有影响的主要因素针对性强，对部分定量因素采用模糊综合评判的方法，将单因素评价定量化，克服了专家打分评判时的随意性和盲目性。

　　(2)以榆家梁矿 42209 短壁连采工作面为例进行了安全评价，顶板控制安全评价为"良接近优"等级，主要问题是顶板坚硬，直接顶悬顶面积较大，给顶板管理带来一定难度，采取强放措施可以得到解决。

　　(3)运用模糊数学分析方法对短壁连采通风安全性进行了评价，就榆家梁矿 42209 低瓦斯工作面而言，评价结果为"优"，存在的主要问题是注意对通风设施的管理。

（4）对适合顶板全垮落短壁连采的顶板条件和瓦斯条件进行了分析，提出了适合该采煤方法的最理想顶板条件是"稳定或中等稳定类顶板"，理想瓦斯条件是"低瓦斯矿井"，对高瓦斯矿井的最终评价为"差"，不适合运用全垮落法短壁连采技术。

第8章 主要研究结论

经过地质调查分析、现场实测、理论分析、数值模拟等综合研究方法，对神东矿区顶板全垮落法短壁连采开采关键技术进行了系统研究，研究主要涉及两方面内容，即顶板控制的安全性和采空区通风的安全性，主要研究结论如下。

8.1 顶板控制方面

(1)顶板分类及关键层差别。通过地质调查和调研分析，将神东矿区短壁连采矿井(煤层)顶板类型分为厚松散层薄基岩(松散层厚度≥40m、基岩厚度≤20m)、薄松散层厚基岩(松散层厚度≤20m、基岩厚度≥40m)以及厚松散层厚基岩(松散层厚度≥40m、基岩厚度≤40m)三类；将上覆岩层关键层分为单一复合与多层关键层结构，并提出了关键层的判别方法。

(2)极限回采面积。提出"工艺极限回采面积"和"应力极限回采面积"两个概念，对关键层的控制即是对应力极限回采面积的控制。理论分析提出了规则形状和不规则形状关键层的悬顶步距以及极限回采面积计算式，并估算了上湾、大柳塔、榆家梁矿不同顶板条件下的极限面积，如榆家梁42209规则连采面理论计算极限面积为14952.61m²，实际极限面积15839m²；榆家梁42213不规则(三角形)连采面理论极限回采面积16439.61m²，计算结果与实测结果较吻合，验证了计算公式的正确性。

(3)回采工艺对顶板运动及煤柱应力的影响。直接顶强放、自然垮落会在附近煤柱上引起应力的局部降低，煤柱应力整体随回采面积的增加呈现升高趋势，在达到极限回采面积时，回采区域走向应力集中系数为3.4，而侧向集中系数为2.1。区段内的推进方向对极限回采面积没有影响，但对四周边界煤柱上的应力影响较大，最优的回采工艺是块段后退式回采，块段前进式和支巷后退式回采均会引起邻近块段应力急剧升高和顶板运动强度过大。

(4)全垮落法顶板控制的主要技术措施为：区域四周直接顶聚能爆破拉缝预切顶、回采过程中直接顶有规律的强放、合理使用线性支架、严格控制应力极限回采面积。

(5)直接顶强放冒落的矸石在充填满采空区后，基本顶及关键层将呈弯曲下沉的运动形式，最终导致地表也是呈缓慢沉降而不会出现大的台阶断裂，这一结论在榆家梁矿42209连采工作面地表沉降观测中得到证实。

(6)全垮落法短壁连采可取消区段内各种煤柱和区段间隔离煤柱，真正实现回采区域内无煤柱连续开采。对于榆家梁矿试验区可提高回采率约十个百分点。

(7)榆家梁矿全垮落法顶板安全评价等级为"良接近优"，需采取强制放顶措施，最适合此采煤方法的顶板条件为稳定及中等稳定类型的顶板。

8.2　通风安全方面

(1)全垮落法短壁连采通风与普通的短壁连采相比，最大特点是风流要经过采空区，属于采空区通风。由顶板稳定性条件及回采煤壁附近有线性支架支撑顶板，煤壁附近总是有一定范围的悬顶，给风流顺利通过采空区边缘创造了条件；同时岩层垮落后与尚未垮落的顶板之间有 2~3m 的纵向空间，也为通风顺畅提供了可能。

(2)为克服采空区通风可能造成的通风阻力增大的问题，采用负压通风结合局部正压通风方式可完全满足回采风量与风速的需要。

(3)榆家梁矿几乎没有瓦斯，实测采空区、采硐内、回风流中的气体成分均满足《煤矿安全规程》的要求。对不同瓦斯涌出量全垮落连采时采空区瓦斯运移规律模拟表明：低瓦斯矿井运用此采煤法是安全可靠的，而开采高瓦斯煤层时回风巷上隅角瓦斯会超标，不适用全垮落法短壁连采技术。

(4)采硐回采期间，采硐内的气体成分均在安全规程要求范围内；采煤机司机所处位置基本上在支巷或在距采硐口 4m 范围内，此范围内有风流经过，是安全的；当采硐间的煤柱被破坏后，采硐与采空区之间形成通风通道，此时更安全；多年来神东矿区短壁连采技术从未因采硐通风问题发生安全事故，同样证明采硐回采的安全性。

(5)榆家梁矿为易自燃发火煤层，由于区段参数设计合理，区段长度约 100m，回采结束时采空区远处有少量区域处于煤层氧化带内，但尚未达到煤层自燃的最低氧化时间区域即封闭，所以不存在自燃发火问题。对采空区内的气体温度监测表明，采空区温度一直呈稳定状态，始终保持在 12℃ 左右证实了该结论。

(6)对于低瓦斯矿井，回风流中的气体成分能够满足《煤矿安全规程》的基本要求，通风安全总体评价为"优"，但对于高瓦斯矿井，由于回风流中的瓦斯出现超标(有时甚至更严重)，工作面被迫停产通风，对于短壁连采回采部分边角煤来讲，瓦斯抽放也不经济，很难在实际中得到应用，因此高瓦斯矿井不适用于全垮落法短壁连采。

主要参考文献

鲍凤其，2008. 房柱式开采煤柱稳定性数值模拟研究[J]. 煤矿开采，13(6)：17-19.

白士邦，刘文郁，2006. 旺格维利采煤法在神东矿区的应用[J]. 煤矿开采，11(1)：21-24.

曹树刚，勾攀峰，2012. 采煤学[M]. 北京：煤炭工业出版社，159-167.

陈育民，刘汉龙，2007. 邓肯-张本构模型在FLAC3D中的开发与实现[J]. 岩土力学，28(10)：2123-2126.

陈育民，徐鼎平，2009. FLAC/FLAC3D基础与工程实例[M]. 北京：中国水利水电出版社.

杜锋，白海波，2012. 厚松散层薄基岩综放开采覆岩破断机理研究[J]. 煤炭学报，37(7)：1105-1110.

杜锋，白海波，黄汉富，2013. 薄基岩综放采场基本顶周期来压力学分析[J]. 中国矿业大学学报，42 (3)：362-369.

杜晓丽，宋宏伟，陈杰，2011. 煤矿采矿围岩压力拱的演化特征数值模拟研究[J]. 中国矿业大学学报. 40(6)：863-867.

姜福兴，2004. 矿山压力与岩层控制[M]. 北京：煤炭工业出版社.

姜福兴，2000. 采场顶板控制设计及其专家系统[M]. 徐州：中国矿业大学出版社.

姜福兴，宋振骐，宋扬，1993. 老顶的基本结构形式[J]. 岩石力学与工程学报，12(4)：366-379.

姜福兴，宋振骐，宋扬，等，1995. 采场来压预测预报专家系统的基础研究[J]. 煤炭学报，20(3)：225-228.

蒋金泉，1992. 倾斜煤层采场老顶初步来压步距的计算[J]. 矿山压力与顶板管理，(1)：68-72.

靳钟铭，徐林生，1994. 煤矿坚硬顶板控制[M]. 北京：煤炭工业出版社.

樊庆久，2004 短壁机械化开采技术在神东矿区的应用与研究[D]. 阜新：辽宁工程技术大学.

方新秋，黄汉富，金桃，2008. 厚表土薄基岩煤层开采覆岩运动规律[J]. 岩石力学与工程学报，27(S1)：2700-2706.

冯冠学，2002. 连续采煤机开采工艺在上湾矿井中的使用[J]. 煤炭工程，4：45-47.

付志亮，牛学良，王素华，等，2006. 相似材料模拟试验定量化研究[J]. 固体力学学报，27(专)：169-173.

高存宝，钱鸣高，翟明华，等，1994. 复合型坚硬顶板在初压期间的再断裂及其控制[J]. 煤炭学报，19(4)：352-359.

高魁，刘泽功，刘健，等，2013. 深孔爆破在深井坚硬复合顶板沿空留巷强制放顶中的应用[J]. 岩石力学与工程学报，32(8)：1588-1594.

宫世文，张苏茗，孙震，2007. 深孔预裂爆破强制放顶技术的应用[J]. 煤矿安全，386：21-22.

顾大钊，1995. 相似材料与相似模型[M]. 徐州：中国矿业大学出版社.

关英斌，李海梅，范志平，2008. 煤层底板破坏规律的相似材料模拟[J]. 煤矿安全，399：67-69.

郭德勇，裴海波，宋建成，等，2008. 煤层深孔聚能爆破致裂增透机理研究[J]. 煤炭学报，33(12)：1381-1385.

郭德勇，吕鹏飞，裴海波，2012. 煤层深孔聚能爆破裂隙扩展数值模拟[J]. 煤炭学报，37(2)：274-278.

郭惟嘉，陈绍杰，李法柱，2006. 厚松散层薄基岩条带法开采采留尺度研究[J]. 煤炭学报，31(6)：747-751.

郭文兵，邓喀中，邹友峰，2004. 我国条带开采的研究现状与主要问题[J]. 煤炭科学技术，32(8)：7-11.

郭文兵，侯泉林，邹友峰，2013. 建(构)筑物下条带式旺格维利采煤技术研究[J]. 煤炭科学技术，41(4)：8-12.

郭文兵，邹友峰，邓喀中，2005. 条带开采的非线性理论研究及应用[M]. 徐州：中国矿业大学出版社.

何满潮，曹伍福，单仁亮，等，2003. 双向聚能拉伸爆破新技术[J]. 岩石力学与工程学报，22 (12)：2047-2051.

贺广零，黎都春，翟志文，等，2007. 空区煤柱-顶板系统失稳力学分析[J]. 煤炭学报，32(9)：897-899.

胡斌，张倬元，黄润秋，等，2002. FLAC3D前处理程序的开发及仿真效果检验[J]. 岩石力学与工程学报，21 (9)：1387-1391.

胡炳南，1995. 条带开采中煤柱稳定性分析[J]. 煤炭学报，20(2)：205-210.

黄庆享，2000. 浅埋煤层长壁开采顶板结构及岩层控制研究[M]. 徐州：中国矿业大学出版社.

黄庆享，张沛，2004. 厚砂土层下顶板关键块上的动态载荷传递规律[J]. 岩石力学与工程学报，23(24)：4179-4182.

郝延锦，吴立新，戴华阳，2006. 用弹性板理论建立地表沉陷预计模型[J]. 岩石力学与工程学报，25(S1)：2958-2961.

侯忠杰，2000. 地表厚松散层浅埋煤层组合关键层的稳定性分析[J]. 煤炭学报，25(2)：127-131.

贾喜荣，翟英达，杨双锁，1998. 放顶煤工作面顶板岩层结构及顶板来压计算[J]. 煤炭学报，23(4)：366-370.

康希并，张建义，1988. 相似材料模拟中的材料配比[J]. 淮南矿业学院学报，(2)：50-64.

蓝航，姚建国，张华兴，2008. 基于FLAC³ᴰ的节理岩体采动损伤本构模型的开发及应用[J]. 岩石力学与工程学报，27(3)：572-579.

李方立，王成，段长寿，2001. 超前深孔预爆破处理坚硬顶板的应用[J]. 矿山压力与顶板管理，(3)：72-74.

李鸿昌，1988. 矿山压力的相似模拟试验[M]. 徐州：中国矿业大学出版社.

李瑞群，2008. 旺格维利采煤法煤柱尺寸优化研究[D]. 青岛：山东科技大学.

李新元，陈培华，2004. 浅埋深极松软顶板采场矿压显现规律研究[J]. 岩石力学与工程学报，23(19)：3305-3309.

李旭东，2008. FLAC3D在边坡稳定性分析中的应用[J]. 中国水运，8(4)：77-79.

李文，胡智，2013. 薄基岩浅埋旺采工作面覆岩运移特征研究[J]. 煤炭工程，(2)：62-64.

李铀，彭意，2006. 论圆形断面井巷围岩弹塑性应力莫尔-库伦准则解答[J]. 土工基础，20(2)：71-73.

李志强，周茂普，2007. 短壁机械化开采顶板控制技术[C]. 短壁机械化开采专业委员会学术研讨会论文集，14-19.

林峰，1990. 煤层底板应力分布的相似材料模拟分析[J]. 淮南矿业学院学报，10(3)：19-27.

刘波，韩彦辉，2005. FLAC原理、实例与应用指南[M]. 北京：人民交通出版社.

刘长友，卫建清，万志军，等，2002. 房柱式开采的矿压显现规律及顶板监测[J]. 中国矿业大学学报，31(4)：388-391.

刘洪永，程远平，赵长春，2010. 采动煤岩体弹脆塑性损伤本构模型及应用[J]. 岩石力学与工程学报，29(2)：358-365.

刘炯天，2011. 关于我国煤炭能源低碳发展的思考[J]. 中国矿业大学学报，(1)：6-12.

刘进晓，2006. 房柱式开采体系煤柱回收关键技术研究[D]. 青岛：山东科技大学.

刘开云，乔春生，周辉，等，2004. 覆岩组合运动特征及关键层位置研究[J]. 岩石力学与工程学报，23(8)：1301-1306.

刘克功，王家臣，徐金海，2005. 短壁机械化开采方法与煤柱稳定性研究[J]. 中国矿业大学学报，34(1)：24-29.

刘立民，连传杰，卫建清，等，2001. 房柱式开采减沉效果的三维数值模拟研究[J]. 矿山压力与顶板管理，(4)：73-76.

刘学增，翟德元，2000. 矿柱可靠度设计[J]. 岩石力学与工程学报，18(6)：85-88.

龙驭球，1981. 弹性地基梁的计算[M]. 北京：人民教育出版社.

卢国志，汤建泉，宋振骐，2010. 传递岩梁周期裂断步距与周期来压步距差异分析[J]. 岩土工程学报，32(4)：538-541.

鹿志发，孙建明，潘金，等，2012. 旺格维利(Wongawilli)采煤法在神东矿区的应用[J]. 煤炭科学技术.(增)：11-18.

罗勇，沈兆武，2005. 聚能爆破在岩石控制爆破中的研究[J]. 工程爆破，11(3)：9-13.

吕军，侯忠杰，张杰，2004. 浅埋难垮顶板强放爆破参数的研究[J]. 矿山压力与顶板管理，(3)：66-71.

马长年，徐国元，江文武，等，2012. 复杂开挖过程FLAC³ᴰ力学仿真代码生成系统研究[J]. 岩土力学，33(8)：2536-2542.

梅志千，周建方，章海远，2002. 莫尔-库伦理论的修正及应用[J]. 上海交通大学学报，36(3)：441-444.

孟达，王家臣，王进学，2007. 房柱式开采上覆岩层破坏与垮落机理[J]. 煤炭学报，32(6)：577-580.

缪协兴，钱鸣高，2000. 采动岩体的关键层理论研究新进展[J]. 中国矿业大学学报，29(1)：25-29.

缪协兴，陈荣华，浦海，等，2005. 采场覆岩厚关键层破断与冒落规律分析[J]. 岩石力学与工程学报，24(8)：1289-1295.

缪协兴，茅献彪，孙振武，2005. 采场覆岩中复合关键层的形成条件与判别方法[J]. 中国矿业大学学报，34(5)：547-550.

聂建国，李法雄，2009. 钢-混凝土组合板的弹性弯曲及稳定性分析[J]. 工程力学，26(10)：59-66.

彭小沾，崔希民，李春意，等，2008. 陕北浅煤层房柱式保水开采设计与实践[J]. 采矿与安全工程学报.25(3)：301-304.

彭文斌，2008. FLAC3D实用教程[M]. 北京：机械工业出版社.

浦海，缪协兴，2002. 采动覆岩中关键层运动对围岩支承压力分布的影响[J]. 岩石力学与工程学报，21(2)：

2366-2369.

濮洪九，2002．洁净煤技术产业化与我国能源结构优化[J]．煤炭学报，27(1)：1-5.

钱鸣高，2000．20年来采场围岩控制理论与实践的回顾[J]．中国矿业大学学报，29(1)：1-4.

钱鸣高，2010．煤炭的科学开采[J]．煤炭学报，35(4)：529-534.

钱鸣高，刘听成，1991．矿山压力及其顶板控制(修订本)[M]．北京：煤炭工业出版社.

钱鸣高，缪协兴，1995．采场上覆岩层结构的形态与受力分析[J]．岩石力学与工程学报，14(2)：97-106.

钱鸣高，缪协兴，1996．采场矿山压力理论研究的新进展[J]．矿山压力与顶板管理，(2)：17-20.

钱鸣高，缪协兴，许家林，1996．岩层控制中的关键层理论研究[J]．煤炭学报，21(3)：225-230.

钱鸣高，缪协兴，许家林，等，2003．岩层控制的关键层理论[M]．徐州：中国矿业大学出版社.

钱鸣高，茅献彪，缪协兴，1998．采场覆岩中关键层上载荷的变化规律[J]．煤炭学报，23(2)：135-139.

钱鸣高，许家林，缪协兴，2003．煤矿绿色开采技术[J]．中国矿业大学学报，32(4)：343-348.

曲华，李安民，2013．房柱式开采合理采留比数值模拟[J]．煤矿安全，44(1)：51-53.

任满翔，2004．旺格维利采煤法煤柱尺寸的合理确定[J]．矿山压力与顶板管理，(1)：42-43.

沈明荣，陈建峰，2006．岩体力学[M]．上海：同济大学出版社，34-36.

石连松，宋衍昊，陈斌，2010．聚能爆破技术的发展及研究现状[J]．山西建筑，36(5)：155-156.

史红，姜福兴，2004．采场上覆大厚度坚硬岩层破断规律的力学分析[J]．岩石力学与工程学报，23(18)：3066-3069.

宋立兵，2010．线性支架回采工艺在榆家梁煤矿的使用[J]．陕西煤炭，(5)：119-120.

宋振骐，1988．实用矿山压力控制[M]．徐州：中国矿业大学出版社，40-69.

宋振骐，姜福兴，1990．顶板控制专家系统的研制[J]．煤炭科学技术，(2)：29-32.

苏仲杰，2001．采动覆岩离层变形机理研究[D]．阜新：辽宁工程技术大学.

孙书伟，林杭，任连伟，2011．FLAC3D在岩土工程中的应用[M]．北京：中国水利水电出版社.

谭云亮，2010．矿山压力与岩层控制[M]．北京：煤炭工业出版社.

涂敏，桂和荣，李明好，等，2004．厚松散层及超薄覆岩厚煤层防水煤柱开采试验研究[J]．岩石力学与工程学报，23(3)：3494-3497.

赵明华，张玲，马缤辉，等，2009．考虑水平摩阻力的弹性地基梁非线性分析[J]．岩土工程学报，31(7)：985-990.

王崇革，王莉莉，宋振联，2004．浅埋煤层开采三维相似材料模拟实验研究[J]．岩石力学与工程学报，23(S2)：4926-4929.

王汉鹏，李术才，张强勇，等，2006．新型地质力学模型试验相似材料的研制[J]．岩石力学与工程学报，25(9)：1842-1847.

王开，康天合，李海涛，等，2009．坚硬顶板控制放顶方式及合理悬顶长度的研究[J]．岩石力学与工程学报，28(11)：2320-2327.

王旭春，黄福昌，张怀新，等，2002．A.H.威尔逊煤柱设计公式探讨及改进[J]．煤炭学报，27(6)：604-608.

魏久传，李忠建，郭建斌，等，2010．浅埋煤层采动覆岩运动相似材料模拟研究[J]．矿业安全与环保，37(4)：11-13.

魏诚，2009．旺格维利采煤法通风安全关键技术研究[D]．青岛：山东科技大学.

吴丽丽，聂建国，2010．四边简支钢-混凝土组合板的弹性局部剪切屈曲分析[J]．工程力学，27(1)：52-57.

吴立新，王金庄，1994．连续大面积开采托板控制岩层变形模式的研究[J]．煤炭学报，19(3)：233-241.

吴强，凌道盛，徐兴，等，1996．复杂组合板壳结构有限元分析[J]．浙江大学学报，30(1)：85-92.

夏桂云，李传习，张建仁，2011．考虑水平摩阻和双重剪切的弹性地基梁分析[J]．土木工程学报，44(12)：93-100.

谢和平，王金华，申宝宏，等，2012．煤炭开采新理念——科学开采与科学产能[J]．煤炭学报，37(7)：1069-1079.

谢洪彬，2001．厚冲积层薄基岩下采煤地表移动变形规律[J]．矿山压力与顶板管理，(1)：57-93.

许家林，1999．岩层移动与控制的关键层理论及其应用[D]．徐州：中国矿业大学.

许家林，钱鸣高，2001．岩层控制关键层理论的应用研究与实践[J]．中国矿业，10(6)：54-56.

许家林，钱鸣高，2000．关键层运动对覆岩及地表移动影响的研究[J]．煤炭学报，25(2)：122-126.

许家林，钱鸣高，2000．覆岩关键层位置的判别方法[J]．中国矿业大学学报，29(5)：463-467.

徐金海，刘克功，卢爱红，2006．短壁开采覆岩关键层黏弹性分析与应用[J]．岩石力学与工程学报，25(6)：1147-1151.

徐炳建，刘信声，1995. 应用弹塑性力学[M]. 北京：清华大学出版社，318-323.

徐永圻，1999. 煤矿开采学[M]. 徐州：中国矿业大学出版社，170-178.

宣以琼，2008. 薄基岩浅埋煤层覆岩破坏移动演化规律研究[J]. 岩土力学，29(2)：512-516.

闫少宏，宁宇，康立军，等，2000. 用水力压裂处理坚硬顶板的机理及实验研究[J]. 煤炭学报，25(1)：32-35.

杨建武，2005. 大同矿区应用短壁机械化旺格维利采煤法的探析[J]. 煤矿开采，10(4)：23-25.

杨敬轩，刘长友，杨宇，2013. 浅埋近距离煤层房柱采空区下顶板承载及房柱尺寸[J]. 中国矿业大学学报，42(2)：161-168.

杨伦，于广明，王旭春，1997. 煤矿覆岩采动离层位置的计算[J]. 煤炭学报，22(5)：477-480.

杨相海，2006. 榆神府矿区小煤矿长壁布置刚性隔离煤柱房柱式开采研究[D]. 西安：西安科技大学.

杨相海，张杰，余学义，2010. 强制放顶爆破参数研究[J]. 西安科技大学学报，30(3)：287-290.

伊茂森，2008. 神东矿区浅埋煤层关键层理论及其应用研究[D]. 徐州：中国矿业大学.

尹振云，王春林，2010. 综放工作面深孔爆破强制放顶的实践[J]. 煤炭科技，(2)：49-50.

于斌，刘长友，杨敬轩，等，2013. 坚硬厚层顶板的破断失稳及其控制研究[J]. 中国矿业大学学报，42(3)：342-348.

于富，2008. 中深孔爆破强制放顶[J]. 煤炭技术，27(4)：88-91.

余为，徐金海，黄伟，2005. 短壁开采覆岩关键层的力学分析[J]. 安徽理工大学学报，25(1)：1-4.

张传庆，周辉，冯夏庭，2008. 统一弹塑性本构模型在FLAC^{3D}中的计算格式[J]. 岩土力学，29(3)：596-602.

张吉雄，缪协兴，2007. 建筑物下条带开采煤柱矸石置换开采的研究[J]. 岩石力学与工程学报，26(1)：2687-2693.

张杰，侯忠杰，2005. 浅埋煤层非坚硬顶板强制放顶实验研究[J]. 煤田地质与勘探，33(2)：15-17.

张杰，侯忠杰，2007. 厚土层浅埋煤层覆岩运动破坏规律研究[J]. 采矿与安全工程学报，24(1)：56-59.

张金虎，吴士良，周茂，2011. 不同覆岩结构短壁开采上覆岩层运动的数值分析[J]. 西安科技大学学报，31(3)：263-266.

张开智，蒋金泉，吴士良，2003. 合理放煤步距的实验研究[J]. 煤炭学报，28(3)：246-250.

张开智，赵永峰，汪华君，等，2012. 厚煤层边角煤短壁连采技术[M]. 北京：煤炭工业出版社，1-35.

张宏伟，郭忠平，2008. 矿区绿色开采技术[M]. 徐州：中国矿业大学出版社，138-160.

张羽强，黄庆享，严茂荣，2008. 采矿工程相似材料模拟技术的发展及问题[J]. 煤炭技术，27(1)：1-3.

张悦，王富宝，2004. 旺格维利采煤法在上湾煤矿的应用[J]. 煤矿开采，9(2)：32-34.

邹友峰，柴华彬，2006. 我国条带煤柱稳定性研究现状及存在问题[J]. 采矿与安全工程学报，23(2)：141-146.

翟德元，张伟民，1996. 美国房柱式开采技术[M]. 北京：煤炭工业出版社，8-49.

翟德元，刘学增，1997. 房柱式开采矿房跨度的可靠度设计[J]. 山东矿业学院学报，16(3)：243-347.

翟所业，张开智，2004. 用弹性板理论分析采场覆岩中的关键层[J]. 岩石力学与工程学报，23(11)：1856-1860.

周爱平，2006. 旺格维利采煤法顶板控制技术[J]. 煤炭科学技术. 34(7)：46-49.

周慧，罗松南，孙丹，2011. 考虑水平摩阻力的弹性地基梁大变形弯曲分析[J]. 工程力学，28(1)：43-54.

周茂普，2007. 连续采煤机短壁机械化开采矿压显现特征[J]. 煤炭科学技术，35(9)：35-39.

朱德仁，王金华，康红普，等，1998. 巷道煤帮稳定性相似材料模拟试验研究[J]. 煤炭学报，23(1)：42-47.

朱建明，彭新坡，姚仰平，等，2010. SMP准则在计算煤柱极限强度中的应用[J]. 岩土力学，31(9)：2987-2990.

Z. T. 宾内奥斯基，王亚杰，1987. 美国房柱式开采设计的改进[J]. 河北煤炭，52-57.

Aydan O，1989. The Stabilization of Rock Engineering Structures by Bolts[M]. Rotterdam A. A. Balkema .

Bieniawski Z T，1982. Improved design of room-and-pillar Coal Mines for U. S. Conditions, Stability in Underground Mining, Proc. of lst Int. Conf. on Stability in Underground Mining, Aug. 16-18, Vaneouver, Canada .

Bieniawski Z T，1984. Rock Mechanics Design in Mining and Tunneling[M]. Rotterdam：Balkema，55-92 .

Bieniawski Z T，1988. In situ strength and deformation characteristics of coal[J]. Eng-Geol，(5)：325-340.

Clough R W，Ponzien J，2004. Dynamics of Structures [M]. 2nd ed. New York：Computers and Structures，Inc .

Fang J P，Harrison，2002. Numerical analyses of progressive fracture and associated behavior of mine pillar by use of a local degradation[J]. Transactions of the institution of mining and metallurgy, 111(2)：136-140.

Hollat，1997. Ground movement due to longwall mining in high relief areas in New South Wales, Australia[J]. International Journal of Rock Mechanics & Mining sciences, 34(5)：775-787.

Jack P, 1982. Practical rock mechanics pillar design-problems or opportunities[J]. Proc. 1st Conf. on Stability in Underground Mining, (2): 99-120.

Koichi Sato, 1990. Elastic buckling of incomplete composite plates [J]. Journal of Engineering Mechanics, 118 (1): 1-19.

Marino G G, 1986. Long-term stability of overburden above room and pillar mines, mine subsidence: Chapter 9, Society of Mining Engineers, Inc.

Medhurst T P, Brown E T, 1998. A study of the mechanical behavior of coal for pillar design[J]. International Journal of Rock Mechanics and Mining Sciences, 35(8): 1087-1105.

Meng Z P, Peng S P, et al., 2000. Physical modeling of influence of rock mass structure on roof stability[J]. Journal of China University of Mining & Technology, 10(12): 172-176.

Newmark N M, Siess C P, Viest I M, 1951. Tests and analysis of composite beams with incomplete interaction [J]. Experimental Stress Analysis, 9(1): 75-92.

Itasca Consulting Group Inc, 2004. FLAC3D users' manual [R]. Minneapolis: Itasca Consulting Group Inc.

Onu G, 2000. Shear effect in beam finite element on two-parameter elastic foundation[J]. Journal of Structural Engineering, 126(9) : 1104-1107.

Paterson M S, 2010. Experimental Rock Deformation-The Brittle Field[M]. Berlin: Springer.

Sheorey P R, Loui J P, Singh K B, 2000. Ground subsidence observations and a modified influence function method for complete subsidence prediction[J]. International Journal of Rock Mechanics and Mining Science. (37): 801-818.

Tesarik D R, Seymour J B, Yanske T R, 2003. Post-failure behavior of two mine pillars confined with backfill[J]. International Journal of Rock Mechanics and Mining Sciences, 40(2): 221-232.

Salamon M D G, 1988. Behavior and design of coal pillars in Australia coal[J]. Eng-Geol, (2): 11-22.

Wilson A H, Ashin D R, 1972. Research into the determination of Pillar size [J]. The Mining Engineer, (131): 409-417.

Xu J L, Zhu W B, Qian M G, 2010. Mechanism of coupling effect between key strata and soil on subsidence [C]. Proceedings of the 12th International Congress of International Society for Mine Surveying. 353-357.

Xu J L, Zhu W B, Lai W Q, et al., 2004. Green mining techniques in the coal mines of China [J]. Journal of Mines, Metals & Fuels, 52 (12): 395-398.

Xu X, Cai R F, 1993. A new Plate shell element of 16 nodes and 40 degrees of freedom by relative displacement method [J]. Comm, Num. Engrg. (9): 15-20.

Yang Y Q, Gao Q C, Yu M C, et al., 1995. Experimental study of mechanism and technology of directed crack blasting[J]. Procedia Earth and Planetary Science, 5(2): 69-77.

Yin J H, 2000. Comparative modeling study of reinforced beam on elastic foundation[J]. Journal of Geotechnical and Geoenvironmental Engineering, 126(3): 265-271.

Zhao Q, Astaneh-Asl A, 2004. Cyclic behavior of traditional and innovative composite shear walls [J]. Journal of Structural Engineering, 130(2): 271-284.